JN296480

バイオテクノロジー教科書シリーズ 16

応用酵素学概論

京都大学教授　農学博士
喜 多 恵 子 著

コロナ社

バイオテクノロジー教科書シリーズ編集委員会

委員長　太　田　隆　久　(東京大学名誉教授　理学博士)
委　員　相　澤　益　男　(元東京工業大学長　工学博士)
　　　　　　　　　　　　　総合科学技術会議議員
　　　　田　中　渥　夫　(京都大学名誉教授　工学博士)
　　　　別　府　輝　彦　(東京大学名誉教授　農学博士)
　　　　　　　　　　　　　日 本 大 学 教 授

(五十音順，所属は 2009 年 4 月現在)

刊行のことば

　バイオテクノロジーは，健康，食料あるいは環境など人類の生存と福祉にとって重要な問題にかかわる科学技術である。

　古来，人類は自身の営みの理解と共に周辺の生物の営みから多くのことを学び，またその恩恵を受けてきた。わが国においても多くの作物，家畜を育て，また，かびや細菌などの微生物をうまく使いこなし，酒，味噌，醬油などを作り出してきた。このような生物の利用は，自然界で起こる現象を基にしてさまざまな技術として生み出されたもので，古典的なバイオテクノロジーといえる。

　しかし，近年になり，生物の構造と機能とに関する理解が進むと，それを基にして生物をさらに高度に利用することが可能となり，遺伝子，細胞，酵素などを容易に取り扱い，各種の技術を通じて生物や生物生産物を産業に役立てる科学技術が生まれ，バイオテクノロジーと呼ばれるようになった。これは先端産業技術の一つであり，化学工業，農林水産業，医薬品工業など多くの産業分野の基盤となっているため，この分野の人材養成が急務とされている。そのため，大学や専門学校などで学部，学科の改組や，新しい学科の創設も行われている。

　従来，生物関連技術に関する教育は農学部などで，工学的な教育は工学部などで行われてきたが，バイオテクノロジーは生物学と工学の境界領域の科学技術であり，今後のこの領域の発展のためには，生物現象に対する深い洞察と優れた工学的手法の双方をもつ研究者や技術者が必要である。したがって教育においても両分野にわたって融合した形で行われることが望ましい。

本シリーズは上記の観点に立ち，バイオテクノロジーに関係する学部や学科，および関連する諸分野の学生の勉学に役立つように，バイオテクノロジーに必要な基本的項目を選び，生物学と工学とに偏ることなく，その基礎から応用に至るまでを，それぞれの専門家により平易に解説したものである。

　各巻を読むことによって，バイオテクノロジーの各分野についての総合的な理解が深められ，多くの読者がバイオテクノロジーの発展のためにつくされることを期待する。

1992年3月

編集委員長　太　田　隆　久

まえがき

　ヒトをはじめとするすべての生物は，遺伝子の複製によって種を保持するとともに，多様な代謝経路によって生命活動を維持している。生体内での物質代謝は化学反応にほかならず，生体内での化学反応を触媒する酵素は，生物の細胞内でゲノム情報に従って生合成されている。酵素による反応は，一般的に常温常圧・中性pH領域などの温和な条件で進行し，基質特異性，反応特異性，位置特異性，立体特異性などが著しく高いという特徴がある。これらの特徴を一般的な有機化学反応触媒と比較すると，副産物が少なく，省エネルギーであることから，酵素は有用物質の生産や生体成分の分析などさまざまな分野で利用されている。臨床検査や遺伝子組換え実験は，いまや酵素なしには不可能であるといっても過言ではない。さらに，酵素の高い特異性を利用して，生理的な基質とは異なる非天然化合物を基質とする酵素合成プロセスも開発されている。また，医薬部外品の消化剤や家庭用衣類洗剤に酵素が添加されていることは，広く知られている。

　本書は，利用技術が確立されている産業用酵素について，酵素のスクリーニングや精製などの総論，主要な酵素反応，具体的な応用例に分けて概説した教科書で，農学や工学およびそれに関連する領域を学ぶ学生を対象としている。大学1～2年生程度の生化学や微生物学などの生命科学の知識があれば理解できるように平易に記述した。特殊な用語についてはトピックスとして取り上げて随時解説を加えた。

　実際に商品化されている酵素の情報については，開発に関与した企業の研究者による優れた出版物から多くを引用させていただき深く感謝申し上げます。個々の酵素の反応機構や動力学パラメーターなどについては，他書またはインターネット上に公開されているデータベースを参照していただきたい。

　本書が，酵素の新機能開発やその応用に関心をもつ若い読者にとって，少しでもお役に立てば幸いである。応用酵素学のいっそうの発展を心より願っている。

2009年3月

喜　多　恵　子

目　　次

1　総　　論

1.1　酵　素　資　源 ……………………………………………………………… 2
1.2　酵　素　の　生　産 …………………………………………………………… 6
　1.2.1　菌株の改良 …………………………………………………………… 6
　1.2.2　培地および培養条件 ………………………………………………… 7
　1.2.3　培　養　法 ……………………………………………………………… 9
1.3　抽　出　と　精　製 …………………………………………………………… 9
　1.3.1　抽　出　法 ……………………………………………………………… 10
　1.3.2　濃縮および脱塩 ……………………………………………………… 12
　1.3.3　精　製　法 ……………………………………………………………… 13
1.4　酵素のリサイクルと回収 ………………………………………………… 15
　1.4.1　固　定　化 ……………………………………………………………… 16
　1.4.2　二　相　系 ……………………………………………………………… 19
　1.4.3　濾　　　過 ……………………………………………………………… 19
1.5　酵素タンパク質の分子工学 ……………………………………………… 20
　1.5.1　理論的分子設計 ……………………………………………………… 21
　1.5.2　定方向進化 …………………………………………………………… 21
　1.5.3　大量迅速処理スクリーニング技術 ………………………………… 22
引用・参考文献 ……………………………………………………………………… 22

2　酵素各論

2.1　酸化還元酵素 ……………………………………………………………… 24
　2.1.1　CH-OH を供与体とする酸化還元酵素（EC 1.1群）……………… 24
　2.1.2　アルデヒドを供与体とする酸化還元酵素（EC 1.2群）………… 26
　2.1.3　CH-NH$_2$ を供与体とする酸化還元酵素（EC 1.4群）…………… 27
　2.1.4　窒素化合物を供与体とする酸化還元酵素（EC 1.7群）………… 29
　2.1.5　ペルオキシダーゼ（peroxidase）（EC 1.11.1群）……………… 29
　2.1.6　オキシゲナーゼ（oxygenase）……………………………………… 31

目 次　v

- 2.2 転移酵素 ……………………………………………………………… 31
  - 2.2.1 メチルトランスフェラーゼ (methyltransferase, EC 2.1.1群) ……… 31
  - 2.2.2 アミノアシルトランスフェラーゼ
    (aminoacyltransferase, EC 2.3.2群) ……………………………… 32
  - 2.2.3 グリコシルトランスフェラーゼ
    (glycosyltransferase, EC 2.4群) ………………………………… 33
  - 2.2.4 トランスアミナーゼ (transaminase, EC 2.6.1群) ……………… 35
  - 2.2.5 ホスホトランスフェラーゼ (phosphotransferase, EC 2.7.1群) … 37
  - 2.2.6 ヌクレオチジルトランスフェラーゼ
    (nucleotidyltransferase, EC 2.7.7群) …………………………… 38
- 2.3 加水分解酵素 …………………………………………………………… 39
  - 2.3.1 糖質分解酵素 (glycosylase) (EC 3.2群) ……………………… 39
  - 2.3.2 プロテアーゼ (protease) (EC 3.4群) …………………………… 47
  - 2.3.3 脂質分解酵素 (EC 3.1群) ………………………………………… 51
  - 2.3.4 ヌクレアーゼ (nuclease) (EC 3.1群) …………………………… 53
  - 2.3.5 ペプチド結合以外の C–N 結合を加水分解する酵素 (EC 3.5群) … 56
  - 2.3.6 その他の加水分解酵素 …………………………………………… 58
- 2.4 リアーゼ ………………………………………………………………… 59
  - 2.4.1 C–C リアーゼ (EC 4.1群) ………………………………………… 60
  - 2.4.2 C–O リアーゼ (EC 4.2群) ………………………………………… 61
  - 2.4.3 C–N リアーゼ (EC 4.3群) ………………………………………… 62
  - 2.4.4 C–S リアーゼ (EC 4.4群) ………………………………………… 63
- 2.5 異性化酵素 ……………………………………………………………… 63
- 2.6 リガーゼ ………………………………………………………………… 65
- 2.7 補酵素 …………………………………………………………………… 68
- 引用・参考文献 ……………………………………………………………… 73

3　酵素の応用

- 3.1 食品加工での利用 ……………………………………………………… 74
  - 3.1.1 デンプン加工 ……………………………………………………… 74
  - 3.1.2 デンプン以外の糖の加工 ………………………………………… 82
  - 3.1.3 タンパク質加工 …………………………………………………… 84
  - 3.1.4 果実，野菜，穀類などの加工 …………………………………… 88
  - 3.1.5 アルコール飲料製造への利用 …………………………………… 92
  - 3.1.6 製パン・製菓への利用 …………………………………………… 96

3.1.7	乳製品の加工	98
3.1.8	卵の加工	98
3.1.9	茶の加工	99
3.1.10	油脂の加工	99

3.2 食品関連工業での利用 101
 3.2.1 アミノ酸の製造 101
 3.2.2 呈味性ヌクレオチドの製造 107
 3.2.3 その他 110
3.3 化学工業での利用 110
 3.3.1 洗剤用酵素 111
 3.3.2 繊維加工用酵素 116
 3.3.3 紙・パルプ関連酵素 119
 3.3.4 飼料用酵素 120
 3.3.5 有機合成への応用 122
3.4 分析・計測への利用 132
 3.4.1 目的物質の定量分析 132
 3.4.2 酵素活性の定量 139
 3.4.3 センサー 146
 3.4.4 酵素免疫検定法 149
3.5 医薬・化粧品としての利用 150
 3.5.1 治療用酵素 150
 3.5.2 化粧品への応用 158
 3.6 研究試薬 159
 3.6.1 遺伝子解析 160
 3.6.2 タンパク質の解析 165
 3.6.3 その他 166
3.7 環境保全への利用 166
 3.7.1 有害物質の分解除去 166
 3.7.2 未利用バイオマスの活用 167

引用・参考文献 173

付録 EC番号別酵素 174
索引 179

1 総論

　応用酵素学の奥深さを理解するにあたり，まず本章では酵素の利用に関する歴史と基礎的な技術について紹介する（酵素の語源については p.5 の枠内トピックスを参照）。

　人類が酵素を物質変換反応に初めて利用したのは，紀元前，**酵母**によるアルコール発酵であると思われるが，アルコール発酵を巡り，生きた酵母が必要不可欠かどうかについて，リービッヒ（J. Liebig）とパスツール（L. Pasteur）が議論を繰り広げたのは，19 世紀の中ごろになってからである。その後 19 世紀の終わりころに，ブフナー（E. Buchner）によって酵母の無細胞抽出液でもアルコール発酵が可能であることが示され，遺伝子の複製と代謝を切り離して議論することができるようになった。1876 年にキューネ（W. Kühne）によって酵素（enzyme）という術語が提唱され，1874 年にはハンセン（C. Hansen）が凝乳用酵素製剤として仔ウシ胃由来のキモシン製剤をつくった。これが工業生産された初めての酵素といわれている。また，高峰譲吉も同時期（1896 年）に麴菌（*Aspergillus oryzae*）由来の粗アミラーゼの生産を行い，微生物由来の酵素として初めて製品化した。1906 年には有機溶媒中でブタ膵臓由来リパーゼを作用させることで，メタノールとオレイン酸からメチルオレイン酸の合成が行われており，古くから酵素は有機合成反応にも利用されてきた。

　一方，酵素がタンパク質であることは 19 世紀初頭には推測されていたが，化学の視点から酵素の研究が始まったのは 19 世紀半ば以降である。酵素の触媒機構については，1894 年にフィッシャー（E. Fischer）が「鍵と鍵穴」説を提唱後，1926 年にサムナー（J.B. Sumner）によってウレアーゼが初めて結晶化され，1965 年にはリゾチームの立体構造解析がなされ，生化学的データが分子のレベルで説明できるようになった。

　20 世紀半ば以降，ワトソン（J.D. Watson）とクリック（F.H.C. Crick）による DNA 二重らせん構造の解明に始まる分子生物学の発展と，

特に 1980 年代以降，遺伝子組換え技術をはじめとするさまざまな技術の開発により，酵素の利用分野は著しく拡大した。インターネット上で公開されている遺伝子の塩基配列やタンパク質の立体構造などのデータベースを基に，分子工学によって機能が改変された酵素も実用化されている。

1.1 酵素資源

　酵素は，生体内における代謝反応を触媒するタンパク質である。したがって，生物体の組織はすべて酵素の資源とみなすことができるわけであるが，応用を目的とする酵素，特に食品加工などに用いられる工業的に製造されている酵素の資源としては，おのずから種々の制約が生じてくる。酵素利用の初期には動物の臓器（仔ウシの胃やブタの膵臓など）や植物（西洋ワサビやパパイヤ）が主な酵素の資源として利用されてきたが，麹菌によるタカジアスターゼ製造の発明が契機となり，酵素の資源は急速に微生物に移行してきた。酵素資源として微生物が動植物より優れていると考えられる点を以下に列挙する。

(1) 応用目的に適した酵素の入手が容易
(2) 強力な酵素生産菌の獲得が容易
(3) 増殖速度が大きいので短時間で酵素の生産が可能
(4) 安価な培養原料によって生産可能
(5) 生産管理が容易
(6) 酵素生産に有利な変異株の獲得が容易
(7) 培養条件の検討によって容易に生産量を増加させることが可能

このような長所のなかでも最大の特徴は，応用目的に適した酵素を容易に見出すことができる点にある。酵素はたとえ同じ反応を触媒しても，その起源が異なれば作用条件や基質特異性が異なる。

　酵素の多様性が応用上重要な意義をもっていることを，代表的な応用酵素である α-アミラーゼを例にとって解説してみよう。α-アミラーゼは動物の唾液，膵液はじめ麦芽などの植物種子およびほとんどすべての微生物に広く存在する酵素で，デンプンの加水分解反応を触媒する。表 1.1 に示すように，動物，植物，微生物の酵素の間では酵素化学的性質においても，作用型式においても大きな差異が認められる。さらに微生物の α-アミラーゼに限って詳細にながめると，細菌，かび，酵母の酵素の間に顕著な差異が認められるばかりではな

表1.1 各種 α-アミラーゼの比較（辻阪好夫 他編：応用酵素学，講談社サイエンティフィク（1979）より改変転載）

	酵素源	耐熱性〔℃〕(15分処理)	pH安定性 (30℃, 24時間)	至適pH	分解限界〔%〕	主な生成物
細菌	B. amyloliquefaciens	65〜80	4.8〜10.6	5.4〜6.0	35	デキストリン マルトース
	B. licheniformis	95〜110	—	5.5〜6.0	35	デキストリン マルトース マルトペンタオース
かび	麹菌（タカA）	55〜70	4.7〜9.5	4.9〜5.2	48	マルトース
	A. niger	55〜70	4.7〜9.5	4.9〜5.2	48	マルトース
酵母	Endomycopsis	35〜50	6.0〜7.5	5.4	96	グルコース
	Oospora	50〜70	6.0〜10.3	5.6	37	デキストリン マルトース
動物	膵臓（ヒト）	—	4.8〜11	6.9	40	マルトース
	唾液（ヒト）	—	4.8〜11	6.9	40	マルトース
植物	麦芽	—	4.8〜8.0	5.3	40	マルトース
	緑豆もやし	50〜70	5.0〜8.3	5.4	70	グルコース マルトース

く，同じ Aspergillus 属のかびでも菌株が異なれば，それぞれのα-アミラーゼの間で著しい相違が認められる．

ブドウ糖などの製造において，高濃度のデンプン懸濁液にα-アミラーゼを加え，加熱してデンプンを糊化させると同時にα-アミラーゼの作用で液化する工程がある（詳細は3章を参照）．高濃度のデンプンを均一に糊化させ，透明な液化液とするためには，ジャガイモデンプンで90℃以上，トウモロコシデンプンでは100℃付近の高温を保って酵素反応を行わなければならず，ここで使用されるα-アミラーゼは高温に耐えるものでなければならない．従来は中温菌の酵素が利用されていたので，90℃以上の高温では失活が起こり，トウモロコシデンプンの糖化にはしばしば支障をきたしていたが，高温菌 Bacillus licheniformis の酵素が開発されこの問題は解消されるようになった．

これとは逆に，製パン工業ではドウ（dough）の生地を調製するためと酵母の発酵原料となるマルトースなどの糖を生成させるためにα-アミラーゼが使用されることがあるが，これに用いられる酵素はドウの熟成中に徐々に作用し，焼き上げ工程中で速やかに失活するような比較的耐熱性の低いものが適している．したがって耐熱性の高い細菌由来の酵素は使用に適さず，現在は主としてかびのα-アミラーゼが使用されている．

このように，酵素は触媒反応が同じであっても，その起源が異なると安定性や最適反応条件などの酵素化学的性質とともに，基質特異性や反応型式なども異にする場合が多い。微生物の種類は無限といってもよいほど多く，したがって，それらの微生物によって生産される酵素もまた無限の多様性をもつといっても過言でない。

利用目的に最も適した酵素を選択するためには，**スクリーニング**（screening）を行う。自然界の微生物を徹底的にスクリーニングすれば，必ず目的とする酵素を生産する微生物を得ることが可能であるとまでいわれている。さらにゲノム情報の解析が可能になった1990年代半ば以降，スクリーニングの対象は大きく広がった。

(1) **培養可能な微生物のスクリーニング**（natural isolate screening）

従来から土壌や海水サンプル中の微生物を純粋培養して，菌体内または菌体外に分泌される酵素の活性を生化学的に調べるという方法が用いられてきた。現在でももちろんこの方法は用いられているが，微生物一匹丸ごとの全ゲノム配列が簡単に決定できるようになり，生化学的には酵素活性を検出できない場合でも，遺伝子配列から新規酵素の存在が多数示唆されている。

(2) **培養過程を経ないスクリーニング**（metagenome screening）

実験室における微生物の培養は，自然界での条件とは大きく異なり，しかも非常に限られた条件で行われるため，純粋培養することができる微生物の種類は自然界に存在する微生物の $1/10^6$ にも満たないといわれている。環境中から採取された核酸サンプルの 16S または 18S rRNA をコードする塩基配列の解析から，生きているが培養できない状態（viable but not culturable）の微生物がさまざまな環境中に存在することが明らかになった。

したがって，培養が可能かどうかにかかわらず，微生物ゲノム情報から推定酵素遺伝子を発現させて得られるタンパク質もスクリーニングの対象となる。

このように，酵素資源が飛躍的に拡大したことによって，酵素の商品化や工業的スケールでの反応プロセスへの応用の際には，さまざまな観点から考慮すべき点がある。

(1) 安全性

　微生物の中には毒素や抗生物質をはじめ，強力な生理活性物質を生産するものがある。また，不特定多数のヒトから採取した血液や尿には，肝炎などを引き起こすウイルスが混入している可能性があり，食品の加工や食品添加物あるいは医薬として利用することを目的とする酵素を製造する場合，毒性を示す物質が混入しないように，原料の調達や酵素の純度に対する配慮が強く求められる。

　遺伝子組換え技術を用いて生産される酵素を食品添加物や食品加工に用いる場合，欧米では麹菌，*Aspergillus niger*（黒麹菌），*Saccharomyces* 属酵母，枯草菌など，ごくわずかの種類の微生物で製造されたものは安全（**GRAS**（Generally Recognized As Safe））とみなされているが，それ以外の微生物を宿主として製造された酵素については，厳重な毒性テストを受けて，安全性が確認されなければ使用が許可されない。また，同属間での遺伝子組換えによって構築された組換え体微生物から製造された酵素は許可をとる必要はないが，異なる属の間での組換え体から製造された酵素は，安全性審査の手続きが必要になる。さらに，国によって安全性確認に関する対応に差がある。

(2) 新しい機能の付与

　新規の用途が生じ，それに適した酵素が存在しない場合は，新しい酵素資源を探索するのが一般的である。しかし，新たに資源を探索したのち酵素の工業的生産方法を確立するためには，長期にわたり研究開発への多大な投資が必要である。そこで，すでに工業生産の行われている酵素を適当な方法で修飾して，酵素の弱点といわれる耐熱性や有機溶媒耐性などの性質を付与することができれば，資源の有効利用と研究開発コ

酵素

　酵素は英語とフランス語で "enzyme" と書かれるが，これはドイツの生理学者 W. Kühne によって 1876 年によって提唱された術語である。"en" は「〜の中に (in)」，"zyme" は「酵母 (yeast)」，すなわち「酵母の中の (in yeast)」を意味している。日本語の酵素の語源は明治 32 年（1899 年）に東京化学会誌 20 巻で松原行一氏が用いたのが初めてだといわれている。

ストの観点から効率的である。

　酵素の修飾は，大きく分けて化学的修飾とタンパク質工学的修飾に分類することができる。ポリエチレングリコールによる修飾や酵素の固定化（immobilization）は一種の化学的修飾にあたり，比較的古くから用いられてきた有力な方法である。一方，遺伝子組換え技術を用いることによって，試験管内でタンパク質のアミノ酸残基の種類や数を自由に変える分子工学（molecular engineering）を利用したタンパク質の修飾が可能になった。今日，X線結晶構造解析などによって得られるタンパク質の立体構造情報も含め，既存の酵素を資源として有効に活用できる多様な技術が開発され利用されている。

1.2　酵素の生産

　前節で述べたように，応用酵素の供給源は動物，植物，微生物など多岐にわたっているが，生産の観点からは微生物が最も重要である。ここでは微生物を用いた酵素生産の効率を増大させるために考慮すべき点を述べる。

　応用酵素の生産にあたっては，まず優良な菌株を自然界から選択し，ついでその生産性を遺伝学的に改良するという手順を経るのが一般的である。菌株の改良にあたっては，突然変異導入という古典的な方法に加え，遺伝子組換え技術を用いることによって目覚しい進歩が遂げられている。遺伝子組換え技術の詳細については，多くの書物に記載されているので参照されたい。

1.2.1　菌株の改良

　食品加工や医薬品として利用される酵素の場合は安全性が重要視されるので，組換え技術を用いることが難しい場合がある。そのような場合は，古典的な**突然変異導入**法が用いられる。紫外線，X線，エチルメタンスルホン酸，ニトロソグアニジン，亜硝酸など各種の変異誘発剤を酵素の生産菌に作用させ，生き残った菌株の中から生産性が向上した株が選択される。変異誘発剤は遺伝子にランダムな変異を誘発するので，酵素の構造遺伝子そのものへ変異が導入された場合は酵素の構造変化を引き起こし，酵素活性の低下をもたらすことが多いが，プロモーターやオペレーターなどの制御領域への変異は，酵素の

生産量を増加させることが多い。

古典的な突然変異導入によって酵素の生産量が増加した例として，グルコースなどの糖によって各種の酵素の合成が抑制される**カタボライト抑制**（catabolite repression）が解除した変異株や，本来ならば誘導（induction）を必要とする酵素が誘導基質なしで合成されるようになる**構成的変異株**（constitutive mutant）をはじめ，酵素の精製または利用上障害となる色素などを生産しない変異株や，液体培養の効率を上げるためペレットを形成しやすいかびの変異株などが報告されている。これらの一部を**表 1.2**にまとめた。

表 1.2 突然変異導入による産業用酵素高生産菌の育種例

酵素名	変異の種類	菌株名	生産量の増加*
β-ガラクトシダーゼ	構成的変異	E. coli	25 %
インベルターゼ	カタボライト抑制解除	酵母	2 %
グルコースイソメラーゼ	構成的変異 カタボライト抑制解除	Streptomyces phaeochromogenes	—
カタラーゼ	過酸化水素耐性	Rhodopseudomonas sphaeroides	25 %

* 菌体内全タンパク質に占める割合。

微生物は単に酵素資源として有用なだけではなく，組換えタンパク質生産の宿主としても利用されるので，動植物由来の酵素であっても遺伝子組換え技術を用いることによって微生物を宿主として発現させることができれば，酵素の生産量を増加させることが可能である。生産量を増加させるときには，まず，適切な宿主-ベクター系を選択したのち，多コピープラスミドへ連結することによって目的遺伝子のコピー数を増加させる。さらに，高発現プロモーターの下流に構造遺伝子を挿入することによって活性化に作用する制御を付加するという遺伝子の転写レベルと，同義語コドンを宿主のコドン使用頻度に合わせるというタンパク質の翻訳レベルの二つのポイントを考慮する必要がある。1999年には産業用酵素の約 80 % 以上が，2004 年にはほとんどすべてが遺伝子組換え体を用いて生産されているという報告もある。

1.2.2 培地および培養条件

培地組成，pH，通気量，温度などの培養条件は微生物の種類に固有であり，

それらを調節することによって酵素の生産量を大幅に増大させることができる。酵素生産に対する最適条件は必ずしも生産菌の生育に対するそれとは一致せず，微生物による酵素の生産は，生育と同時に並行して起こる場合と，生育が停止してから開始される場合とがある。

また，酵素生産の制御に関与する培養条件として，酵素合成に対する誘導および抑制物質が重要である。一般に，分解代謝に関与する酵素は，誘導物質がない場合には合成が抑制されており，表1.3に示すような誘導物質の添加により，酵素合成量が促進される**誘導酵素**（induced enzyme）が多い。生合成系に関与する酵素では最終代謝産物によって酵素合成が抑制されている例が数多く知られている。このような酵素では，培地中の抑制物質の濃度を下げることによって，酵素の合成量を大幅に増加させることができる。

表1.3 誘導条件下で生産される産業用酵素

酵 素 名	菌 株 名	誘導物質
β-ガラクトシダーゼ	*E. coli*	IPTG
ペニシリンラクタマーゼ	*Bacillus* 属細菌	メチシリン
β-チロシナーゼ	*Erwinia helbicola*	L-チロシン ＋L-フェニルアラニン*
ニトリルヒドラターゼ(H)	*Rhodococcus rhodochrous* J1	コバルトイオン＋尿素

* L-フェニルアラニン：β-チロシナーゼの拮抗阻害剤。

一方，表1.4に示したとおり，アミノ酸や核酸塩基の合成に関与する酵素などでは，適当な**栄養要求性変異株**（p.9の枠内トピックス参照）を抑制因子制限下で培養することによって抑制が解除される。カタボライト抑制を受ける酵素の場合，グルコースの濃度を抑えたり，資化速度の遅い多糖またはオリゴ糖を使用するなどの方法が考えられる。また，*Proteus rettgeri* によるトリプト

表1.4 抑制因子制限下での酵素合成量の増加例

酵 素 名	菌 株 名	抑制因子	増加量
アセトヒドロキシ酸シンターゼ	*Salmonella typhimurium*	ロイシン	40倍
アスパラギン酸トランスカルバミラーゼ	不 明	ピリジン	500倍
アルカリ性ホスファターゼ	*E. coli*	リン酸	菌体タンパク質の5％
ヌクレアーゼ	*Aspergillus quernicus*	リン酸	30～50倍

ファナーゼの生産が，誘導物質であるトリプトファンの他に非イオン性界面活性剤を培地に添加することによって菌体全可溶性タンパク質の約6％に達した例や，コバルトイオン存在下で誘導基質として尿素を培地に添加することによって，*Rhodococcus rhodochrous* J1株の高分子型ニトリルヒドラターゼが菌体全可溶性タンパク質の50％以上を占めるほど大量にしかも選択的に生成した例もある。

1.2.3 培養法

酵素生産のための微生物の培養法には固体培養法と液体培養法がある。麹菌による各種加水分解酵素，*Rhizopus* によるグルコアミラーゼ，*Penicillium citrinum* によるヌクレアーゼP1などのかびの酵素はふすま固体培地（p.10の枠内トピックスに示す）で生産されている。菌体外酵素では，ふすま固体培地で生産量が著しく増加するものが数多くある。固体培養は培地の完全殺菌や培養条件の管理がやりにくいなどの不便な点も多い。液体培養は発酵タンクを用いる通気撹拌（かくはん）培養で行われ，培養条件，酵素活性，菌体生育量などを正確に把握しそれを制御することが容易であるので，広く適用されている。

1.3 抽出と精製

目的酵素は，抽出や精製することによってそれ以外の酵素活性や不純物が除去され，比活性の高い酵素標品とすることができる。実用酵素の抽出精製の方法は，目的や用途の他にも，大量処理のための操作性，使用する薬品の価格，廃液処理規制などの多くの要素を考慮しながら決定されるものであり，研究室で汎用される方法とは違った点がある。

実用酵素は用途によっては他の酵素活性の共存が使用上の障害とならず，特に工業用に供される酵素などでは価格の制約からも高度の精製操作を行わずに

栄養要求性変異株

栄養要求性変異株（auxotroph mutant）とは，微生物など，合成培地上では生育できず，生育するためには1種または2種以上の栄養素を補うことが必要なものをいう。

単に抽出濃縮して製品とすることが多い．例えば，グルコースから異性化糖の製造に用いられる *Streptomyces* 属のグルコースイソメラーゼは，多くの場合加熱処理した菌体のまま使用される．*Bacillus* 属の α-アミラーゼは，糊抜き用に大量に使用される液体品は培養ろ液を真空濃縮したのみで，その中にプロテアーゼやホスファターゼなどをかなり含んでいる．一方，デンプンからのグルコース製造に広く用いられる黒麹菌などのアミログルコシダーゼは，共存するトランスグルコシダーゼがグルコースの収率を低下させるので，その除去のためにかなり高度に精製する必要がある．

さらに，臨床分析に使用する酵素標品などでは，わずかな他酵素活性が致命的な誤りをもたらす可能性があるので，場合によっては結晶化までの精製が必要となる．人体に注入する医療用酵素では，特に微生物や発熱物質（pyrogen）の混入を避けるために細心の注意が要求される．

1.3.1 抽 出 法

細胞内酵素を抽出する方法は，細胞を物理的に破壊する方法と，塩溶液などを用い化学的に抽出する方法に大別される．

〔1〕 機械的破砕法

撹拌，磨砕，断圧，超音波による破砕方法で，各種の細胞破砕装置が用いられる．それぞれの処理の原理と特徴を表1.5にまとめた．

〔2〕 凍結融解法

ドライアイス-アセトンなどで急速凍結させたのち融解すると，氷晶の形成に伴う細胞破壊が起こると同時に，酵素の可溶化も起こる．

〔3〕 乾 燥

低温で脱水乾燥（いわゆる凍結乾燥）させると，細胞膜が破壊されて酵素の抽出が容易になる．目的に応じて室温風乾などでもよい場合がある．−20℃に

小麦ふすま

小麦ふすまは，小麦1粒の約15％を占める表皮部分で，不溶性食物繊維のセルロース，ヘミセルロース，リグニンを多く含む．主に家畜などの飼料に利用されるが，食品としても販売されている．かびの培地には小麦ふすまを多く含む「ふすま培地」がある．

表1.5　機械的破砕法の原理と特徴

処理法	原理	機械名	特徴
撹拌破砕処理	高速回転する金属刃による破砕	各種ミキサー ワーリング®ブレンダー	動植物の組織の破砕に有効
磨砕処理	研磨剤による破壊	Mickelシェーカー Braunホモジナイザー Dyno-Mill	酵母や植物などの抵抗力の強い細胞にも有効
断圧処理	高圧をかけて細い隙間から噴き出させる際に生じる圧力差	フレンチプレス	大量処理に向いている
超音波処理	10 kHz程度の音波によって生じるキャビテーション	インソネーター 超音波破砕機	酵母や胞子には向かない

冷却したアセトン中に細胞懸濁液を加えて急速に脱水し，つづいて濾過粉砕してアセトン乾燥粉末にする方法もしばしば用いられる。

〔4〕　**自己消化および溶菌酵素処理**

酵素抽出の際には通常は共存するプロテアーゼによる分解を避けるためにできるだけ低温で操作するが，逆に細胞の自己消化を促進させて抽出効率を上げるため，一定温度で保温する場合があり，酵母などでよく用いられている。卵白リゾチームなどの微生物細胞壁分解酵素を作用させて溶菌を起こす方法は実験室でしばしば用いられるが，大量処理には用いられていない。

〔5〕　**浸透圧ショック**

ペリプラズムに局在する酵素の抽出に用いられる。$E.\ coli$（大腸菌）などのグラム陰性細菌の細胞を20％ショ糖を含む緩衝液に懸濁してから4℃の水に急激に希釈すると選択的に抽出される。

〔6〕　**化学的抽出法**

細胞内の可溶性酵素は，上述のような処理によって破壊した組織細胞から，適当なpHやイオン強度をもった水溶液で抽出することができる。例えば，膵臓由来RNA分解酵素のように酸性で安定な酵素を0.25 N 硫酸で抽出するような実例もある。

一方，ミトコンドリアからのチトクロムcやコハク酸デヒドロゲナーゼなどの膜タンパク質を可溶化して抽出するためには，pH 8〜11で低イオン強度のアルカリ水などが用いられることがある。その他，デオキシコール酸，Triton X-100などの界面活性剤，エチレンジアミン四酢酸（EDTA）などの

キレート剤,高濃度の $NaClO_4$ などの塩類,トリプシンまたはリパーゼなどの酵素処理など種々の方法がある。

各細胞からの抽出操作の特徴として以下の項目が挙げられる。
(1) **動 物 組 織**
　　応用上重要な各種の消化酵素（例えばペプシンなど）の場合には,臓器切片から自己消化あるいはそれに近い条件で抽出する場合が多い。
(2) **植 物 組 織**
　　応用酵素として用いられるものは組織中の含量がきわめて高いので,例えばパパインはパパイヤ果実の乳液（ラテックス）の乾燥品を再溶解して不溶物を除くだけで市販標品が得られる。ウレアーゼもナタマメ粉末をアセトン水で抽出してのち冷却するだけで結晶として得ることができる。
(3) **微 生 物**
　　大量の微生物細胞の機械的破砕は経費の点で問題があり,大規模の抽出には自己消化や塩溶液による抽出が望ましい。応用酵素としては加水分解酵素を主とした菌体外酵素が重要であるが,液体培養の場合には濾過または遠心分離によって菌体を除去するのみで,抽出操作は不要となる。ふすま固体培養の場合は,培養後の培地を粉砕し,抽出器中で上から水を流すことにより比較的高い濃度の抽出液を得ることができる。

1.3.2　濃縮および脱塩

一般的に,出発物質に含まれる目的酵素の濃度はきわめて低いので,濃縮が必要となる。
〔1〕**真空乾燥による濃縮**
液量を減少させるため,減圧下加熱による濃縮が行われる。最終酵素標品を乾燥粉末にする場合には,噴霧乾燥機や凍結乾燥機が用いられる。
〔2〕**沈殿法による濃縮**
硫酸アンモニウムや硫酸ナトリウムを用いた**塩析法**がよく用いられている。しかしこの方法で得られる沈殿は多量の塩を含むため,そのまま乾燥粉末化す

るのが困難であり,脱塩操作が不可欠となる点が問題となる。エタノール,イソプロパノール,アセトンなどの有機溶媒による沈殿法で得た沈殿は,分離および乾燥が容易であり多用されている。酵素の活性を維持するためには,有機溶媒の濃度と温度の管理が重要である。ポリエチレングリコールなどのポリマーを用いた沈殿法も用いられている。

〔3〕 **脱吸着法による濃縮**

各種の樹脂に酵素を吸着させたのち,高濃度の塩溶液で一気に溶離することによって酵素の濃縮と精製ができる。

〔4〕 **透析および限外濾過による濃縮と脱塩**

小規模の脱塩と緩衝液の交換には,セロハン膜やコロジオン膜による**透析**が用いられる。また,セルロース誘導体や合成ポリマーでつくられた各種の限外濾過膜による限外濾過や逆浸透法を用いることにより,大容量の濃縮と脱塩が可能である。

〔5〕 **ゲル濾過による脱塩**

ゲルまたは多孔性材料をカラムに充填して,高分子と低分子の混合液を通過させると,分子ふるい効果により,酵素の脱塩または緩衝液の交換ができる。

1.3.3 精 製 法

〔1〕 **沈 殿 法**

前項で述べた塩析および溶媒**沈殿法**は,精製の初期段階で用いられる。その他に,等電点沈殿や加熱変性沈殿が,目的酵素を沈殿させたり夾雑タンパク質を除去するのに用いられている。粗抽出液中に多量の核酸が存在するときには,ストレプトマイシンやプロタミンを用いて核酸を沈殿除去する除核酸操作がしばしば行われる。

〔2〕 **イオン交換クロマトグラフィー**

初期には**イオン交換樹脂**を用いて行われていたが,その後セファロースやセファデックスなどの硬質担体が開発され適用範囲が飛躍的に広がった。イオン交換基としては,陰イオン交換基と陽イオン交換基があり,それぞれに強弱さまざまなものがあり,使い分けられている。市販されている主なイオン交換体と交換基を**表1.6**にまとめた。目的酵素を吸着させて塩濃度またはpHを変化

表 1.6 イオン交換体の種類

交換体の型	交換基	構造
強陰イオン交換体	Q （quaternary ammonium）	$-CH_2N^+(CH_3)_3$
	QAE （quaternary aminoethyl）	$-CH_2CH_2N^+(CH_3)_3$
弱陰イオン交換体	DEAE （diethylaminoethyl）	$-CH_2CH_2N^+H(CH_2CH_3)_2$
強陽イオン交換体	S （methyl sulfonate）	$-CH_2SO_3^-$
	SP （sulfopropyl）	$-CH_2CH_2CH_2SO_3^-$
弱陽イオン交換体	CM （carboxymethyl）	$-CH_2COO^-$

させて溶出させる方法と，目的酵素を素通りさせて夾雑タンパク質を吸着させる方法がある。

〔3〕 **ゲル濾過クロマトグラフィー**

セファデックス，セファロース，セファクリル，Bio-Gel などイオン交換能をもたないゲルによる**分子ふるい**効果を利用して，分子量の差に基づいて分画する方法である。

〔4〕 **アフィニティークロマトグラフィー**

酵素と特異的，可逆的に結合する基質，補酵素，拮抗阻害剤などのリガンドを適当な担体に結合させてつくった吸着体により，目的の酵素のみを特異的に吸着溶離する方法で，他の精製法に比べてきわめて選択性が高い。表 1.7 に示すような担体が市販されているが，アガロースゲルにリガンドを直接またはスペーサーを介して化学的に結合させることにより，目的酵素に応じた担体を調製することも可能である。

表 1.7 市販の群特異的アフィニティークロマトグラフィー担体

リガンド	応用例
プロテインA （protein A）	IgG
ヘパリン （heparin）	フィブロネクチン，HGF，制限酵素，DNA ligase
コンA （concanavalin A, Con A）	糖タンパク質，膜タンパク質
レッド （Procion Red HE-3 B）	$NADP^+$ 依存性酵素
ブルー （Cibacron Blue 3 GA）	NAD^+ および $NADP^+$ 依存性酵素

〔5〕 **疎水性クロマトグラフィー**

セファロースなどの担体に，ブチル基やフェニル基などの疎水性グループを結合させた樹脂を用い，タンパク質の疎水性領域との相互作用によって分離する方法である。硫酸アンモニウムによって沈殿させたサンプルの精製に適している。

〔6〕 結 晶 化

結晶化は酵素精製の最終目標であり，同時に最終段階の精製手順として有力である。硫酸アンモニウム，ポリエチレングリコール（PEG）などのさまざまな沈殿剤を加えて，低温下で長時間放置するなどの方法が普通よく行われる。酵素タンパク質は，しばしば基質またはそのアナログ，補酵素などの存在下で結晶性が向上することがある。結晶化条件の決定は試行錯誤に基づくところが大きいが，さまざまな沈殿剤や塩，pH を変化させた市販の結晶化試薬を用いることによって，比較的簡単に条件検討を行うことが可能である。

〔7〕 酵素標品の形態

応用酵素は用途に応じて種々の純度の標品が用いられるが，その形態も液状，粉末などさまざまであり，同一酵素でも異なった規格の製品がある。標品中の酵素はできるだけ安定であることが望ましく，酵素に応じて基質，食塩，カルシウム塩，プロピレングリコールや，酸化防止剤としての亜硝酸塩などの各種の安定化剤を標品に添加することが多い。

液状酵素標品は応用酵素の供給形態として最近その例が増加している。特に，最近の α-アミラーゼ，プロテアーゼのように粗標品を大量に使う目的では，乾燥工程を省略して培養ろ液を真空濃縮したままの液状品が用いられている。

酵素を粉末乾燥標品とするためには凍結乾燥や噴霧乾燥する方法がしばしば用いられる。一時期，洗剤用酵素の開発過程で酵素粉塵の飛散によるアレルギー問題が発生したが，1970 年代からは，酵素顆粒化技術の確立により安全性が配慮されるようになった。

1.4 酵素のリサイクルと回収

酵素を触媒として繰り返し利用するためには，反応液から酵素を回収する必要がある。酵素を反応液に溶解させて使用する方法では，反応産物中に酵素が混入するため1回の反応ごとに酵素を廃棄しなければならず，また生産プロセスにおいては反応産物中に酵素が混入するためその除去が必要になる。これらの問題を解決する方法として，図 1.1 に示すような3通りの方法が用いられている。それらの中で最も有力な方法が酵素の固定化である。しかし，多くの工

16　　1.　総　　　論

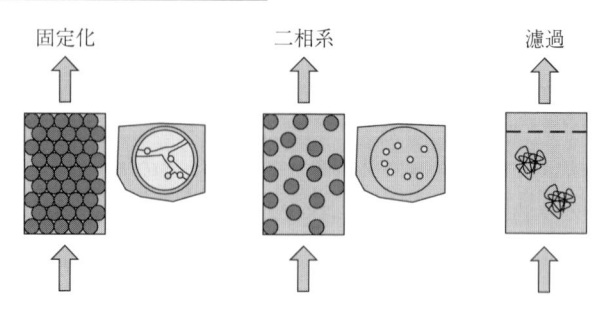

図1.1　酵素のリサイクル技術[5]

業的スケールでのプロセスでは必ずしも固定化を必要としていない。例えば，水相に有機溶媒，イオン溶媒，PEG/デキストランなどの第二の液相を加えることで，酵素を水相に均一に分離することが可能である。濾過も，酵素と反応生成物を分離するのに有効な手段である。

1.4.1　固　定　化

固定化酵素（immobilized enzyme）とは，活性を保持したまま，物理的・化学的に溶媒不溶の担体に結合させたり，物理的に高分子化合物のゲルの内部に閉じ込めたりした酵素で，反応液から回収することで繰り返して使用することが可能であるだけでなく，カラムに充塡することによって連続的な使用が可能となるなど多くの利点がある。**固定化**は，酵素，ミトコンドリアなどの細胞オルガネラ，微生物の菌体，植物細胞，動物細胞など，あらゆるタイプの生体触媒に適応することができる。

1916年にニールセン（J.M. Nelson）とグリフィン（E.G. Griffin）によって，活性炭に吸着させた酵母のインベルターゼがスクロースの加水分解を触媒することが見出されたのが固定化酵素の始まりである。1969年には，田辺製薬の千畑一郎らが，DEAE-Sephadexに固定化されたかびのアミノアシラーゼを用いてL-アミノ酸の工業的生産に初めて成功した。さらに1973年に同氏らは，アスパルターゼを高生産する大腸菌の細胞をポリアクリルアミドに包括固定化して，フマル酸からL-アスパラギンの工業的生産にも成功した。現在，さまざまな固定化生体触媒を用いた生産プロセスが実用化されている（**表 1.8**）。

表 1.8 固定化生体触媒の物質生産への応用

酵素名	固定化触媒	由来	固定化法
アミノアシラーゼ	酵素	*Aspergillus oryzae*	DEAE-セファデックス（イオン結合法）
アスパルターゼ	菌体	*E. coli*	κ-カラギーナン包括法グルタルアルデヒド＋ヘキサメチレンジアミン処理
アスパラギン酸 β-デカルボキシラーゼ	菌体	*Pseudomonas dacunhae*	κ-カラギーナン包括法
ヒダントイナーゼ	菌体	*Pseudomonas striata*	詳細は不明
グルコースイソメラーゼ	酵素	*Streptomyces* 属細菌	多孔性合成イオン交換樹脂
アミダーゼ	酵素	*Pseudomonas* 属細菌	イオン交換樹脂へのグルタルアルデヒドによる架橋
ニトリルヒドラターゼ	菌体	*Rhodococcus rhodochrous* J1	ポリアクリルアミド包括法
リパーゼ	酵素（ノボザイム 435）	*Candida antarctica*	イオン交換樹脂
リパーゼ	酵素（リポザイム）	*Rhizomucor miehei*	詳細は不明

酵素名	応用例・用途	製造会社名
アミノアシラーゼ	アラニン，イソロイシンなどのアミノ酸の生産	田辺製薬
アスパルターゼ	アスパラギン酸の生産	田辺製薬
アスパラギン酸 β-デカルボキシラーゼ	L-アラニンの生産	田辺製薬
ヒダントイナーゼ	D-p-ヒドロキシフェニルグリシンの生産	カネカ
グルコースイソメラーゼ	フルクトースの生産	ナガセ生化学工業 電気化学工業
アミダーゼ	7-アミノデスアセトキシセファロスポリンの合成	旭化成
ニトリルヒドラターゼ	アクリルアミドの生産	三菱レイヨン
リパーゼ	エステル合成・光学異性体分割	ノボザイム
リパーゼ	油脂・エステル交換	ノボザイム

〔1〕 固 定 化 法

前述の高分子化合物を担体（carrier）と呼び，固定化の方法は，**担体結合法**（carrier binding），**架橋法**（cross-linking），および**包括法**（entrapment）の三つに大別することができる（**図 1.2**）。

（a）**担体結合法** 共有結合（ジアゾ法，ペプチド法，アルキル化法），イオン結合，物理的吸着，生化学的親和力などにより，担体に固定化する方法。

（b）**架橋法** グルタルアルデヒドのような二官能性あるいは多官能性試薬で架橋する方法

共有結合法　　物理的吸着法　　イオン結合法　　生化学的特異結合法
〔担体結合法〕

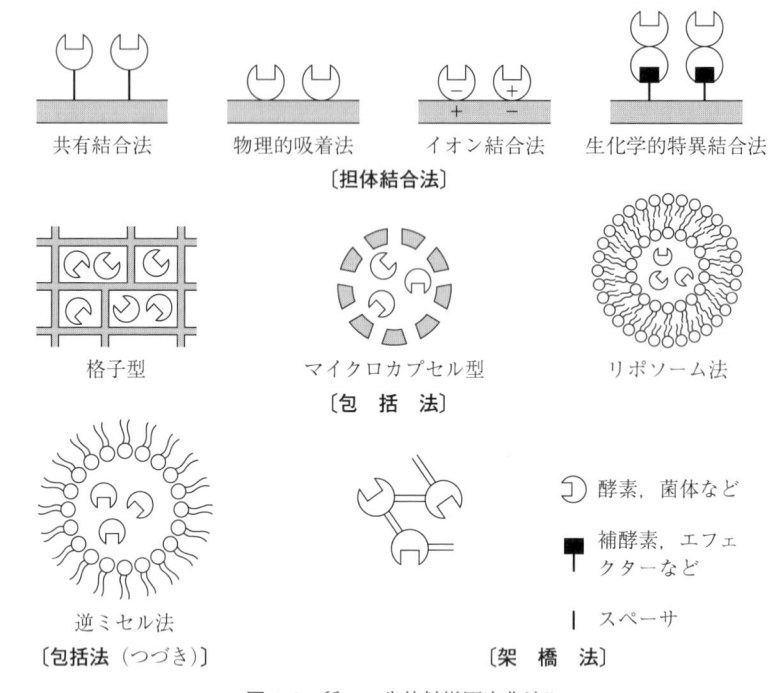

格子型　　マイクロカプセル型　　リポソーム法
〔包　括　法〕

逆ミセル法　　　　　　　　　　　　　　　　酵素，菌体など
　　　　　　　　　　　　　　　　　　　　　補酵素，エフェクターなど
〔包括法（つづき）〕　　　〔架　橋　法〕　　スペーサ

図1.2　種々の生体触媒固定化法[3]

（c）**包括法**　架橋されたポリマーの網目構造の中に固定化される格子型，半透膜性のポリマーで被覆したマイクロカプセル型，リポゾーム，逆ミセルなどに包み込む方法がある。

〔2〕　**固定化生体触媒の性質**

　固定化することによって，酵素や菌体は多かれ少なかれ遊離のものに比べ異なった性質を示す。例えば，固定化することによって部分的な失活や基質に対する親和性の低下は免れないが，熱，タンパク質変性剤，有機溶媒などに対する抵抗性は増加することが多く，固定化生体触媒を実用化するうえで有利な点である。それぞれの固定化方法に長所と短所があるが，どのような担体や固定化が適しているのかを予測することは困難であり，利用可能なものの中から最良のものを選び出しているのが現状である。

　固定化生体触媒の工業的応用は日本が世界をリードしている。固定化酵素の詳細については，多くの成書が出版されているのでそれらを参照していただき

たい。

1.4.2 二　相　系

酵素は水がまったく存在しない状態では触媒活性を示さず，水溶液中では安定であるが，有機溶媒中では不安定となる。一方，一般的に非天然化合物の基質は有機溶媒中での溶解度は高く，反応生成物は水溶液中で不安定である場合もある。また，酵素が基質や反応生成物によって失活したり阻害を受ける場合があり，水相と有機溶媒相からなる**二相系**は反応効率の観点からも優れている。さらに，反応終了後，酵素と反応生成物を容易に分離することが可能なことから，非天然化合物の変換プロセスで活用されている。

1.4.3 濾　　過

濾過とは，フィルターを用いて固体粒子を溶液から分離するプロセスで，反応液からバイオマスを分離して溶液を清浄化するためや，固体の回収に用いられる。ろ液の流れる方向と直角になるように膜面に対して水平に液を流すことを**クロスフロー**（cross flow）といい，クロスフロー濾過では懸濁液は膜表面に接して高速で流れるので目詰まりの原因となる固い沈殿物は生成しない。さまざまなポアサイズをもつ膜がフィルターとして利用されており，保持する物質の分子量に応じて**図 1.3** のように分類されている。**限外濾過膜**を用いると，

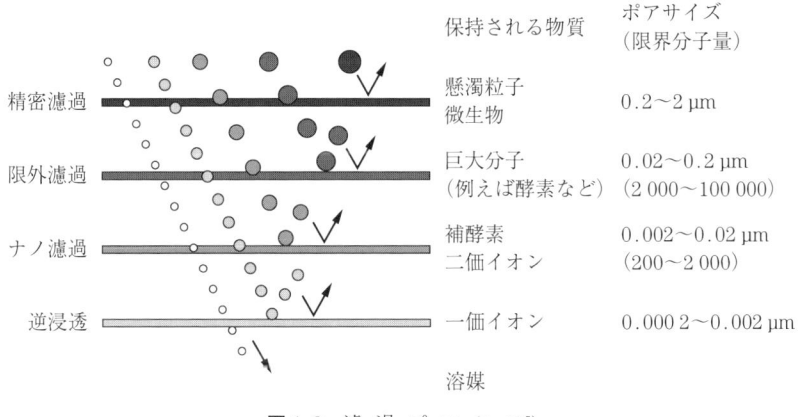

	保持される物質	ポアサイズ（限界分子量）
精密濾過	懸濁粒子 微生物	$0.2 \sim 2\,\mu m$
限外濾過	巨大分子 （例えば酵素など）	$0.02 \sim 0.2\,\mu m$ （2 000～100 000）
ナノ濾過	補酵素 二価イオン	$0.002 \sim 0.02\,\mu m$ （200～2 000）
逆浸透	一価イオン 溶媒	$0.000\,2 \sim 0.002\,\mu m$

図 1.3　濾 過 プ ロ セ ス[5]

溶液中の酵素分子を回収することが可能である。また、**逆浸透膜**を用いて溶質濃度の高い側に圧力をかけると、溶媒（通常は水）だけが膜を移動するので、溶質の濃縮や溶媒からの無機塩類の分離が可能である。

1.5 酵素タンパク質の分子工学

現在、われわれが手にすることができる酵素は、46億年前に地球が誕生して以来の生物学的な進化の賜物であり、一般的には水を溶媒とする環境に適応した結果とみなすことができる。酵素はきわめて高い基質特異性を示す触媒であるが、一方で、有機溶媒中での安定性や特異性は必ずしも優れているとはいえない。このような酵素の欠点を補うために、部位特異的変異導入やランダム変異導入などのさまざまな**分子工学**的技術が開発され、改良された酵素が商品化されている。

分子工学的手法を用いて酵素の機能を改良するためには、以下の三つの項目があらかじめ準備されている必要がある。

(1) 酵素遺伝子が取得できている。
(2) 酵素遺伝子が発現ベクターにクローニングされており、活性のある酵素が発現する。
(3) 発現された酵素の活性が検出できる。

クローニングや発現系構築法、試験管内変異導入法の詳細についてはここでは述べないので、他書を参照されたい。

分子工学的手法として、**理論的分子設計**（rational design）と**定方向進化**（directed evolution）という二つの戦略があり、いずれの方法もDNAレベルで酵素遺伝子に変異を導入することには変わりないが、ターゲットとする酵素に関して得られている情報の種類によって戦略が制限される。理論的分子設計を行うためには、酵素の立体構造が解明されているか類似酵素の立体構造を基に構造モデルが構築されていること、さらに反応機構と酵素-基質相互作用に関する情報が必要であるのに対し、定方向進化では、酵素活性を解析するための大量迅速処理スクリーニング技術（high-throughput screening technology）が確立されている必要がある。

1.5.1 理論的分子設計

1958年にケンドリュー（J.C. Kendrew）らが，X線解析を用いてタンパク質として初めてミオグロビンの立体構造を発表して以来，X線回折法とNMR分光学法によって5万5千種以上（2009年2月の時点）のタンパク質の構造が明らかにされ，これらのデータはPDB（Protein Data Bank, http://www.rcsb.org/pdb/）に公開されている．1962年にケンドリューとペルツ（M.F. Perutz）は「X線解析によるタンパク質の構造の研究」でノーベル化学賞を受賞した．1988年に，T4ファージの生産するリゾチームの立体構造情報を基に，部位特異的変異導入法を用いて新たに3箇所のジスルフィド結合をタンパク質表面に導入した結果，熱安定性が著しく向上した変異酵素の作成に成功した．その後，温度，pH，有機溶媒などに対する安定性が向上した変異酵素や，触媒活性が向上した酵素については数多く報告されたが，立体選択性の変化に成功した酵素の例は非常に少なく，枯草菌由来のp-ニトロベンジルエステラーゼ，*Candida antarctica* 由来のリパーゼB，*Pseudomonas diminuta* 由来のホスホトリエステラーゼなどに限られている．

理論的分子設計法を用いて期待どおりの酵素機能の改良を行うためには，解決しなければならない基礎的な問題が多く残されている．その中でも特に強調しておく必要があるのは，立体構造あるいはモデルが明らかにできたとしても，酵素が実際に作用している溶液中での構造は結晶中での構造とは異なるという点と，変異を導入した後の酵素の構造を厳密に予測することは不可能であるという点である．

1.5.2 定方向進化

定方向進化または試験管内進化は理論的分子設計より汎用性が高い方法である．この方法は，自然界で起こっている進化の過程を模倣して，数百万年もかかる変化を試験管の中でわずか数日ないし数週間の間に起こそうというものである．**エラープローンPCR**（error-prone PCR）法によるランダム変異導入や，特定のアミノ酸残基を他の19種類のアミノ酸に置換する方法，**DNAシャフリング**（DNA shuffling）などの手法が用いられる．DNAシャフリングとは，相同性のあるDNA断片を試験管内で混ぜて組換えを起こし，キメラ遺

伝子を作成する方法である。発現した個々の変異酵素の活性を解析して，目的の機能に変化した酵素遺伝子を選択する。選抜した遺伝子へのさらなる変異導入と活性の解析を何サイクルも繰り返すことによって，目的とする機能をもつ酵素に進化させるという方法である。

1.5.3 大量迅速処理スクリーニング技術

定方向進化で得られた膨大な数の変異酵素の中から目的とする性質の酵素を見出すのは非常に難しく，10^4 から 10^7 種類の変異酵素の活性を一度に測定する方法の開発が必要となる。生育に必須な反応を触媒する酵素の場合は，該当する酵素遺伝子欠損株（例えば栄養要求性変異株など）に変異酵素を導入して，菌の生育の有無で判断することができる。また，酵素の種類によっては，プレート上に生育している変異酵素発現組換え体微生物に発色基質を噴霧してコロニーの色の変化で判定したり，培地中に存在する不溶性基質の分解をコロニー周辺に形成されるハロの大きさで判断できることもある。さまざまな方法が開発されているが，スクリーニングのステップが定方向進化法による酵素機能の改良にとって最大のボトルネックである。

引用・参考文献

1) 相阪和夫：酵素サイエンス，幸書房 (1999)
2) Aehle, W.：Enzymes in Industry 2nd Edition, p.41, Wiley-VCH Verlag GmbH & Co. (2004)
3) 田中渥夫，松野隆一：酵素工学概論，コロナ社 (1995)
4) 辻阪好夫 他編：応用酵素学，講談社サイエンティフィク (1979)
5) Liese, A., Seelbach, K. and Wandrey, C.：Industrial Biotransformations 2nd Edition, Wiley-VCH Verlag GmbH & Co. KGaA (2006)

2 酵素各論

　きわめて多様な反応を触媒する酵素が数多く見出されていたが，1950年代の後半になると，ある特定の酵素が研究者によっては異なる名称で呼ばれることもしばしばあり，酵素の名称に関して混乱が生じていた。そこで，1961年に国際生化学連合（IUB）（現在は，国際生化学分子生物学連合（IUBMB）に変更）の Nomenclature Committee によって酵素の命名法に関する勧告が出された。その結果，酵素はその触媒する反応の種類に応じて分類され，系統的に命名されることになった。各酵素は**表2.1**に示す六つのクラスに分類され，四つの要素からなるコード番号（**EC番号**）によって規定されることになった。現在，4 000あまりの酵素が登録されており，Enzyme Nomenclature（http://www.chem.qmul.ac.uk/iubmb/enzyme/）を通して基本的な情報を得ることができる。

表2.1　酵素の国際分類法

EC番号	酵素の分類	触媒する反応
1	酸化還元酵素	酸化還元反応
2	転移酵素	官能基の転移
3	加水分解酵素	加水分解反応
4	リアーゼ	脱離反応とその逆反応（付加反応）
5	異性化酵素	異性化反応
6	リガーゼ	ATPなどの加水分解と共役して2個の分子をつなぐ合成反応

　さらに，他のデータベースへのリンクを参照することで多彩な情報を手に入れることが可能である。例えば，EC番号に準拠した包括的な酵素情報データベースとして BRENDA（BRaunschweiger ENzyme DAtabase, http://www.brenda-enzyme.or/）があり，番号ごとに，名称（**系統名，慣用名**，市販酵素名），酵素源，単離精製法，安定性，反応特異性，遺伝子情報，立体構造情報，反応動力学的パラメーター，関連疾患，応用例，分子工

学などに関する50種類あまりのデータが文献から抄出されている。

各論では，各クラスの応用が確立している酵素について，基質特異性，作用形式などを記述する†。産業用酵素は慣用名で呼ばれることが多く，一つの酵素が複数の慣用名をもつことがあるので，ここでは代表的な慣用名を用いた。

2.1 酸化還元酵素

酸化還元反応を触媒する酵素を指し，**脱水素酵素**（dehydrogenase），**還元酵素**（reductase），または酸素分子（O_2）が還元の受容体となるときには**オキシダーゼ**（oxidase）という名称が用いられる。分子状酸素の基質への直接の取込み反応を触媒する酵素を**オキシゲナーゼ**（oxygenase）または酸素添加酵素と総称する。

2.1.1　CH-OHを供与体とする酸化還元酵素（EC 1.1群）

〔1〕 **アルコールデヒドロゲナーゼ**（alcohol dehydrogenase，**ADH**）

$R-CH_2OH(R-CHOH-R') + NAD(P)^+ \rightleftarrows R-CHO(R-CO-R') + NAD(P)H + H^+$ †

アルコールデヒドロゲナーゼはNAD^+または$NADP^+$を補酵素とし，第一級アルコールおよび第二級アルコールをアルデヒドおよびケトンに可逆的に酸化する酵素で，動物，植物，微生物に広く分布している。酵母，肝臓の酵素が最もよく研究されている。酵母の酵素は，アセトアルデヒド，エタノールに対して特異性が高く，酵母によるアルコール発酵に重要な役割を果たしている。哺乳類では肝臓に多量存在し，アルコール代謝に関係していると思われるが，比較的基質特異性が低く，アイソザイムが存在する。細菌やかび由来のアルコールデヒドロゲナーゼは，カルボニル化合物を基質とする還元反応による光学活性アルコール合成などにも利用されている。NAD^+を補酵素とする酵素群はEC 1.1.1.1，$NADP^+$を補酵素とする酵素群はEC 1.1.1.2として区別する。

〔2〕 **カルボニル還元酵素**（carbonyl reductase）

キノン，芳香族アルデヒド，ケトアルデヒドなどを含む広汎なカルボニル化

---

† 酵素名に続く反応式は，各酵素が触媒する化学反応を示す。

合物に作用してアルコールを生成する酵素で，NADPH を補酵素とする。光学活性アルコール合成に利用されている。

〔3〕 **乳酸デヒドロゲナーゼ**（lactate dehydrogenase，**LDH**）

$$\text{L-乳酸} + \text{NAD}^+ \rightleftarrows \text{ピルビン酸} + \text{NADH} + \text{H}^+$$

乳酸デヒドロゲナーゼは乳酸を酸化してピルビン酸を生成する酵素で，反応は可逆的である。L-乳酸に作用する L-乳酸デヒドロゲナーゼ（EC 1.1.1.27）と，D-乳酸に作用する D-乳酸デヒドロゲナーゼ（EC 1.1.1.28）が存在する。いずれも NAD^+ を補酵素とするが，NADP^+ にもわずかに作用する。L-乳酸デヒドロゲナーゼは動物の筋肉，内蔵，血液，微生物などに広く分布しており，D-乳酸デヒドロゲナーゼは，微生物，ト等動物に存在する。乳酸菌には L-乳酸デヒドロゲナーゼと D-乳酸デヒドロゲナーゼの両方が存在する。細菌由来の酵素は，還元反応による光学活性アルコール合成に利用される。

〔4〕 **リンゴ酸デヒドロゲナーゼ**（malate dehydrogenase，**MDH**）

$$\text{L-リンゴ酸} + \text{NAD}^+ \rightleftarrows \text{オキサロ酢酸} + \text{NADH} + \text{H}^+$$

リンゴ酸デヒドロゲナーゼは L-リンゴ酸を酸化してオキサロ酢酸を生成する酵素である。動物，植物に広く分布している。真核生物にはミトコンドリアと細胞質にアイソザイムが存在しており，ミトコンドリアの酵素は TCA サイクルに関係している。大腸菌，*Bacillus stearothermophilus* のような原核生物には1種類の酵素しか存在しない。

〔5〕 **グルコースデヒドロゲナーゼ**（glucose dehydrogenase，**GDH**）

$$\beta\text{-D-グルコース} + \text{NAD(P)}^+ \rightleftarrows$$
$$\text{D-グルコノ-1,5-ラクトン} + \text{NAD(P)H} + \text{H}^+$$

グルコースデヒドロゲナーゼはグルコースを酸化してグルコノラクトンを生成する酵素で，生成したグルコノラクトンは非酵素的にグルコン酸になる。補酵素要求性が酵素によって異なり，*Bacillus megaterium* 由来の GDH は NAD(P)^+ を要求し，EC 1.1.1.47 に分類される。NAD(P)^+ を要求する酵素は，補酵素再生系に利用されている。

一方，大腸菌の GDH は補酵素として PQQ を要求し，EC 1.1.5.2 に分類さ

れる。

〔6〕 **グルコースオキシダーゼ**（glucose oxidase, **GOD**）

β-D-グルコース + O_2 ⇌ D-グルコノ-1,5-ラクトン + H_2O_2

グルコースオキシダーゼは β-D-グルコースを酸化してグルコノラクトンを生成する酵素で FAD を補酵素とする。*Aspergillus niger*, *Penicilliun amagasakiense*, *Penicillium notatum* などのかびの培養ろ液から精製されている。グルコースの定量，または，グルコースや酸素の除去に用いられ，結果的に食品の安定化にも有用である。

〔7〕 **コレステロールオキシダーゼ**（cholesterol oxidase）

コレステロールオキシダーゼは遊離のコレステロールを酸化して Δ^4-コレスチン-3-オンを生成する酵素で FAD を補酵素とする。ラット肝臓，ウシ副腎皮質のミトコンドリア画分，*Mycobacterium cholesterolicum* などの微生物に存在している。本酵素は，遊離型コレステロールを測定するのに，ペルオキシダーゼと組み合わせて用いられている。また，コレステロールエステラーゼと組み合わせて用いれば，総コレステロールが測定できる。

2.1.2 アルデヒドを供与体とする酸化還元酵素（EC 1.2群）

ギ酸デヒドロゲナーゼ（formate dehydrogenase, **FDH**）

$HCOOH + NAD^+$ ⇌ $CO_2 + NADH + H^+$

ギ酸デヒドロゲナーゼはギ酸（formate）を二酸化炭素に酸化する酵素で，酵母 *Candica boidinii* などには NAD^+ を電子受容体とする酵素があり，GDH と同様に補酵素再生系に利用されている。

2.1.3 CH-NH₂ を供与体とする酸化還元酵素（EC 1.4群）

〔1〕 アミノ酸デヒドロゲナーゼ

$$\text{L-アミノ酸} + \text{NAD(P)}^+ \rightleftarrows \text{ケト酸} + \text{NH}_3 + \text{NAD(P)H} + \text{H}^+$$

（a） グルタミン酸デヒドロゲナーゼ（glutamate dehydrogenase）　L-グルタミン酸を酸化して α-ケトグルコン酸とアンモニアを生成する酵素で，動物，植物，微生物に広く存在し，哺乳動物では特に肝臓に多い。補酵素の要求性によってつぎの3種類に分類されている。

(1)　NAD^+ 特異的（EC 1.4.1.2）
(2)　NAD^+ および NADP^+ 特異的（EC 1.4.1.3）
(3)　NADP^+ 特異的（EC 1.4.1.4）

一般に，ウシ肝臓などの哺乳動物組織，魚類や両生類などの動物の酵素は NAD^+，NADP^+ ともに補酵素とすることができる。微生物の酵素は NAD^+ あるいは NADP^+ のいずれか一方のみを補酵素としている。しかし，*Thiobacillus novellus*, *Neurospora crassa*, *Fusarium oxysporum* などには NAD^+ に特異的な酵素と NADP^+ に特異的な酵素の2種類が存在しており，NAD^+ 要求性の酵素はグルタミン酸分解系として働き，NADP^+ に特異的な酵素はグルタミン酸生合成系として作用している。ウシ肝臓由来の酵素による還元反応は，非天然型アミノ酸合成プロセスに用いられている。

（b） ロイシンデヒドロゲナーゼ（leucine dehydrogenase）　L-ロイシンを酸化してピルビン酸とアンモニアを生成する酵素で，医薬品合成中間体である tert-ロイシン合成反応に *Bacillus sphaericus* 由来の酵素が利用されている。その際，補酵素 NADH は FDH を用いる再生系によって供給される。

（c） フェニルアラニンデヒドロゲナーゼ（phenylalanine dehydrogenase）　L-フェニルアラニンを酸化してフェニルピルビン酸とアンモニアを生成する酵素で，補酵素として NAD^+ を要求する。本酵素の還元反応と FDH を用いた補酵素再生系を用いた医薬中間体合成プロセスが報告されている。

〔2〕 **アミノ酸オキシダーゼ**（amino acid oxidase）

$$R\text{-}CH(NH_2)COOH + O_2 + H_2O \rightleftarrows R\text{-}COCOOH + NH_3 + H_2O_2$$

アミノ酸オキシダーゼはアミノ酸を酸化して相当するケト酸，アンモニア，過酸化水素を生成する酵素であり，L-アミノ酸に作用するL-アミノ酸オキシダーゼとD-アミノ酸に作用するD-アミノ酸オキシダーゼがある。現在までに知られている酵素はいずれもフラビン酵素である。アミノ酸オキシダーゼはL-あるいはD-アミノ酸の検出や定量，またDL-アミノ酸のうちどちらか一方のみに作用することによってL-あるいはD-アミノ酸の調製に利用される。*Trijonopsis vaiabilis* 由来のD-アミノ酸オキシダーゼは，7-アミノセファロスポラン酸（7-ACA）合成プロセスの一部に用いられている。

（a）**L-アミノ酸オキシダーゼ**　ヘビ毒，ラット腎臓などから精製されており，*Crotalus adamanteus*（トウブヒシモンガラガラヘビ）の毒液から精製された酵素はFADを含んでおり，ラット腎臓の酵素はFMNを補酵素とする。

（b）**D-アミノ酸オキシダーゼ**　ほとんどすべての哺乳動物の腎臓，肝臓，脳に見出されている。その他，鳥類，魚類，軟体動物，昆虫，かび，細菌にも存在する。

〔3〕 **アミンオキシダーゼ**（amine oxidase）

$$R\text{-}CH_2NH_2 + O_2 + H_2O \rightleftarrows R\text{-}CHO + NH_3 + H_2O_2$$

アミンオキシダーゼはアミンを酸化して相当するアルデヒド，アンモニア，過酸化水素を生成する酵素で，モノアミン，ジアミン，ポリアミンに作用する種々の酵素があり，哺乳動物，植物，微生物に存在する。FADを含む酵素と銅を含む酵素に大別される。アミンオキシダーゼは生体アミンの定量に用いることができる。

（a）**FADを補酵素とするアミンオキシダーゼ（EC 1.4.3.4）**　哺乳動物の肝臓，脳のミトコンドリアに局在し，メチルアミン，エチルアミン以外の脂肪族アミンに作用する。チラミンオキシダーゼはチラミン，ドーパミンに作用する。プトレッシンオキシダーゼは，プトレッシン，カダベリン，スペルミジンに作用する。ポリアミンオキシダーゼは，スペルミン，スペルミジンに作

用する。

(b) **銅を含むアミンオキシダーゼ**(EC 1.4.3.21, 22)　ブタ腎臓から精製されたジアミンオキシダーゼでは，カダベリン，プトレッシン，1,6-ジアミノヘキサン，ヒスタミンが基質になる。

2.1.4　窒素化合物を供与体とする酸化還元酵素（EC 1.7群）

尿酸オキシダーゼ（urate oxidase）

$$\text{尿酸} + O_2 + H_2O \rightleftarrows \text{5-ヒドロキシ尿酸} + H_2O_2$$

尿酸オキシダーゼはウリカーゼ（uricase）とも呼ばれ，尿酸に作用してそのプリン環構造を開裂する酵素で，生成した5-ヒドロキシ尿酸は非酵素的にアラントインとCO_2に分解される。生体内におけるプリン塩基の代謝に重要な役割を果たしている。痛風をはじめとする高尿酸血症を伴う疾患の診断ならびに治療にはまず血中尿酸の測定が必要であり，尿酸オキシダーゼが用いられている。

2.1.5　ペルオキシダーゼ（peroxidase）（EC 1.11.1群）

〔1〕　**カタラーゼ**（catalase）

$$2H_2O_2 \rightarrow 2H_2O + O_2$$
$$H_2O_2 + AH_2 \rightarrow 2H_2O + A$$

カタラーゼは図2.1に示す鉄プロトポルフィリンを活性中心にもつ**ヘムタンパク質**で，過酸化水素を分解する他に，過酸化水素の存在下でアルコールやギ酸などの酸化も触媒する。本酵素は，嫌気的条件で生育する細菌を除き，すべての動物，植物，微生物に広く存在する。真核生物ではペルオキシソーム中に高濃度に存在し，好気的環境に生存する生物の体内に生成される過酸化水素を分解，無毒化するのに働いていると思われる。過酸化水素を生成する他の酵素

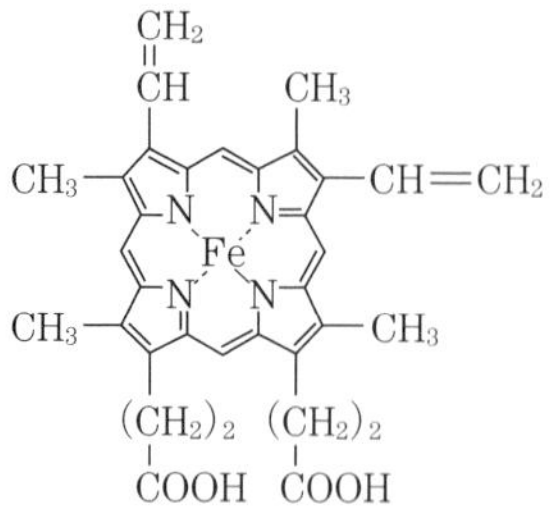

図2.1 プロトポルフィリンの2価鉄錯体[1]

反応と組み合わせて，種々の化合物の定量あるいは酵素活性の測定に用いられる。

〔2〕 ペルオキシダーゼ（POD）

$$H_2O_2 + AH_2 \rightleftarrows 2H_2O + A$$

ペルオキシダーゼは過酸化水素の存在下で種々の化合物を酸化する酵素であり，生体内酸化還元反応の過程で生じる過酸化水素や過酸化脂質を除去するという生理的役割を担っている。植物の組織にはほとんど例外なく存在しており，西洋ワサビ（horseradish）の根，イチジクの樹液に特に多く，NADHやインドール酢酸の好気的酸化，エチレンの生合成，リグニンの生合成・分解に関与している。主なペルオキシダーゼは補欠分子族としてヘムをもっているが，セレノシステインが活性部位を構成しているグルタチオンペルオキシダーゼの存在も知られている。

ペルオキシダーゼはカタラーゼと同様に過酸化水素の微量定量に用いられ，また各種オキシダーゼと組み合わせて，各種化合物の定量あるいは各種酵素の活性測定に用いられている。

（a） リグニンペルオキシダーゼ（lignin peroxidase，**LiP**）　過酸化水素を電子受容体として基質を酸化する酵素で，活性中心にヘムをもつヘム酵素である。白色腐朽菌の生産する酵素がよく知られている。

（b） マンガンペルオキシダーゼ（manganese peroxidase，**MnP**）　過酸化水素を電子受容体として Mn^{2+} 存在下で，フェノール性水酸基をもつ芳香環を酸化するヘム酵素で，白色腐朽菌の生産する酵素がよく知られている。

2.1.6 オキシゲナーゼ（oxygenase）

〔1〕 **ラッカーゼ**（laccase，**Lac**）

$$4\text{-ベンゼンジオール} + O_2 \rightleftarrows 4\text{-ベンゾセミキノン} + 2H_2O$$

Cuを補欠分子族とする酵素で，酵素1分子当り4原子のCuを含む。酸素の存在下でフェノール性のリグニン関連物質の酸化・重合反応をはじめ，ポリフェノールや芳香族アミンなどに対してきわめて広い基質特異性を示す。担子菌の生産する酵素は繊維加工，紙・パルプ工業などで利用されている。

〔2〕 **リポオキシゲナーゼ**（lipooxygenase）

$$R_1\text{-CH}\overset{c}{=}\text{CH-CH}_2\text{-CH}\overset{c}{=}\text{CH-}R_2 + O_2 \rightleftarrows R_1\text{-CH}\overset{c}{=}\text{CH-CH}\overset{t}{=}\text{CH-}\underset{OOH}{\text{CH}}\text{-}R_2$$

c；シス結合，t；トランス結合

リポオキシゲナーゼは不飽和脂肪酸を酸化して，過酸化不飽和脂肪酸を生成する酵素であり，ダイズ中に見出された。ダイズのリポオキシゲナーゼは，リノール酸，リノレン酸，アラキドン酸などのシス,シス-1,4-ペンタジエンを含むものに特異的に作用する。油脂の改変や製パン工程に用いられている。

2.2 転移酵素

特異的な官能基，例えば，メチル基，アシル基，アミノ基，グリコシル基，リン酸基などの転移反応を触媒する酵素が含まれる。

2.2.1 メチルトランスフェラーゼ（methyltransferase，**EC 2.1.1群**）

生体成分に含まれるメチル基をそのままの形で転移して他の化合物をメチル化する酵素を総称してメチルトランスフェラーゼと呼ぶ。メチルトランスフェラーゼの触媒する反応において，大部分はメチル基供与体として図2.2に示すS-アデノシル-L-メチオニンを利用する。S-アデノシル-L-メチオニンは，ATPとメチオニンからメチオニンアデノシルトランスフェラーゼによって合成され，分子内に高エネルギーメチルスルホニル基をもっている。

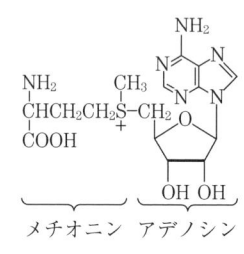

図 2.2 S-アデノシル-L-メチオニンの構造式

DNA メチルトランスフェラーゼ（MTase）

S-アデノシル-L-メチオニンをメチル基供与体として DNA 上のアデニンまたはシトシンにメチル基を転移する反応を触媒する。認識する塩基の種類とメチル基を転移する位置によって**表 2.2** に示す 3 種類に分類される。

表 2.2 DNA メチルトランスフェラーゼの特異性

酵素	シトシン-5-メチルトランスフェラーゼ	シトシン-N^4-メチルトランスフェラーゼ	アデニンメチルトランスフェラーゼ
EC 番号	EC 2.1.1.37	EC 2.1.1.113	EC 2.1.1.72
反応生成物	(構造式)	(構造式)	(構造式)
修飾修飾系（認識特異性）	HpaII (Cm5CGG)	BamHI (GGATm4CC)	HindIII (m6AAGCTT)

細菌から高等動物まで広く存在しており，細菌では複製過程におけるミスマッチ修復に，高等生物では遺伝子発現の制御に関与していることが知られている。さらに，細菌には制限修飾系（restriction-modification system）を構成する**メチルトランスフェラーゼ**が存在し，特異的な塩基配列を認識して位置特異的にメチル基を転移する。代表的な制限修飾系メチルトランスフェラーゼの認識特異性を表 2.2 に示した。これらのうちのいくつかは遺伝子工学の試薬として利用されている。

2.2.2 アミノアシルトランスフェラーゼ（aminoacyltransferase, EC 2.3.2 群）

アミノアシルトランスフェラーゼは，アミノアシル基を転移してエステルも

しくはアミドを形成する酵素群をいう。アシルトランスフェラーゼ（EC 2.3.1群）の多くは Coenzyme A（CoA）関与であるのに対して，本酵素群は CoA とは無関係である。

トランスグルタミナーゼ（transglutaminase，**TGase**）

トランスグルタミナーゼは，タンパク質およびペプチド中のグルタミン残基の γ-カルボキシアミド基と一級アミンとの間のアシル基転移反応を触媒する酵素である。アシル基受容体としてタンパク質中のリシン残基の ε-アミノ基が作用すると，タンパク質架橋重合反応となる。また，一級アミンが存在していないときは水がアシル基受容体となり，グルタミン残基をグルタミン酸残基に変換する脱アミド化反応を触媒する。食品加工用に利用されており，放線菌由来の酵素が主として用いられている。

2.2.3　グリコシルトランスフェラーゼ（glycosyltransferase，EC 2.4群）

グリコシルトランスフェラーゼは多糖類，少糖類あるいは高エネルギー結合をもつ糖化合物などから糖を転移する酵素の総称であるが，無機リン酸を受容体とするホスホリラーゼ（phosphorylase），糖類を受容体とする狭義のグリコシルトランスフェラーゼなどがその代表的なものである。グリコシルトランスフェラーゼは，生理的には特定の炭水化物（スクロース，アミロース，配糖体（グリコシド）など）中のグリコシル結合エネルギーを利用して多種多様な炭水化物の合成に役立っている。

〔1〕　ホスホリラーゼ

（a）　**アミロホスホリラーゼ**　　デンプンおよびグリコーゲン様多糖類中の α-1,4 結合を可逆的に加リン酸分解する酵素であるが，非還元末端から順次分解し枝分れの手前で反応が停止し**限界デキストリン**（図2.3）を残す。動物，植物，微生物などに存在する。応用面ではグルコース重合物の製造などに用いられている。

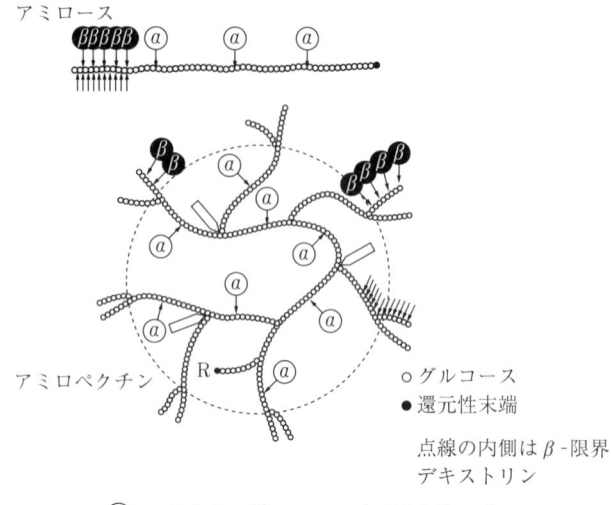

図2.3 デンプンの構造と各種アミラーゼの作用（辻阪好夫他編：応用酵素学，講談社サイエンティフィク（1979）より転載）

（b） ピリミジンヌクレオチドホスホリラーゼ

ピリミジンヌクレオシド ＋ 無機リン酸 ⇄ ピリミジン塩基 ＋ リボース1-リン酸

ピリミジンヌクレオチドホスホリラーゼの逆反応を利用して，非天然型ピリミジン塩基にリボース1-リン酸の糖を転移させることで，抗ウイルス剤の合成が可能である。

〔2〕 **デンプン枝付け酵素** （1,4-α-glucan branching enzyme）

α-1,4-グルカン鎖の一部を同様のグルカン鎖の6位の水酸基に転移させ枝分れのある多糖類を合成する酵素であるが，アミロースからアミロペクチンをつくるアミロース分枝酵素（特にQ-酵素と呼ぶ）やグリコーゲン分枝酵素がある。

[3] シクロマルトデキストリングルカノトランスフェラーゼ
(cyclomaltodextrin glucanotransferase, **CGTase**)

デンプンの α-1,4 結合を分解して，グルコースが 6,7 または 8 個結合した環状のデキストリンを生成する。それぞれのシクロデキストリンは，α-, β-, γ-デキストリンと呼ばれている。デンプンの分解型式から見ると，α-アミラーゼとみなすこともできるが，デンプンの分解で生じたデキストリンの分子内に新たに 1,4 結合を生成してシクロデキストリンをつくる点から見れば転移酵素である。

2.2.4 トランスアミナーゼ (transaminase, EC 2.6.1群)

アミノ酸などのアミノ基がアンモニア分子として遊離することなく，そのまま受容体であるケト酸に渡される反応を触媒する酵素を総称してトランスアミナーゼと呼ぶ。これらは生体内においてアミノ酸代謝に重要な役割を果たしている。生体内でのアミノ酸の酸化分解はアミノ酸オキシダーゼではなく，トランスアミナーゼによりアミノ基が α-ケトグルタル酸に転移されグルタミン酸を生成し，自らは α-ケト酸になる代謝経路をとる。

一般にトランスアミナーゼはピリドキサールリン酸（PLP）を補酵素とし，アミノ基転移反応は酵素に結合した PLP とピリドキサミンリン酸間の可逆的な相互変換を介して行われる。図 2.4 に示すように，PLP は酵素タンパク質のリシン残基と**シッフ塩基**を形成して結合している。各種アミノ酸に特異的な酵素が存在している。

D-アミノ酸トランスアミナーゼを用いることにより，DL-アミノ酸から収率 50 ％で D-アミノ酸を生成することが可能である。また，同時に生成する α-ケト酸はさまざまな化合物の合成原料としても有用である。

[1] アスパラギン酸トランスアミナーゼ (aspartate transaminase, **AST**)

L-アスパラギン酸 ＋ α-ケトグルタル酸 ⇄ オキサロ酢酸 ＋ L-グルタミン酸

慣用名はアスパラギン酸-α-ケトグルタル酸トランスアミナーゼまたはグルタミン酸-オキサロ酢酸トランスアミナーゼ（glutamic-oxaloacetic trans-

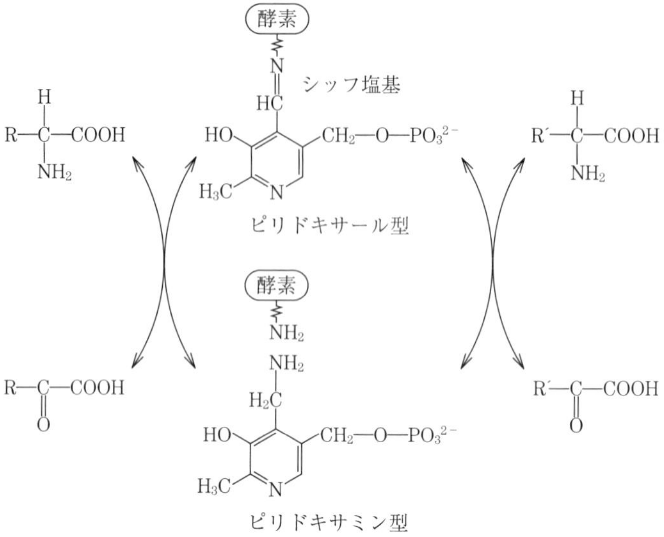

図 2.4 アミノ基転移反応（辻阪好夫 他編：応用酵素学，講談社サイエンティフィク（1979）より転載）

aminase, GOT) で，これまで GOT と呼ばれていたが，最近は AST と呼ばれることが多い。

　動植物，微生物に広く存在している。AST は L-アスパラギン酸，L-グルタミン酸とそれらのケト酸に対して高い基質特異性を示すが，L-フェニルアラニン，L-チロシン，L-トリプトファンなどの芳香族アミノ酸もわずかながら基質として作用する。AST は細胞質とミトコンドリアに局在するリンゴ酸デヒドロゲナーゼとそれぞれ共役して働くことにより，細胞上清画分における NADH の還元状態をリンゴ酸に伝え，これをミトコンドリアに送り込み，クエン酸サイクルを介してのエネルギー産生に役立てるという重要な役割を担っていると考えられている。

　臨床医学的な応用として，肝疾患や心疾患などの各種疾患時に血清中の AST 活性が増加するので，疾患の重症度，予後の判定に有用である。

〔2〕 **γ-アミノ酪酸トランスアミナーゼ**（γ-aminobutyrate transaminase）

L-アミノ酪酸 + α-ケトグルタル酸 ⇄
　　　　　　　　　　コハク酸セミアルデヒド + L-グルタミン酸

　GABA（γ-aminobutyrate）トランスアミナーゼとも呼ばれる。生理的には，神経伝達物質の一つとして生理的に重要なγ-アミノ酪酸の代謝に関与している。GABA は脳に特異的に含まれており，グルタミン酸デカルボキシラーゼによってグルタミン酸から生成され，GABA トランスアミナーゼ，コハク酸セミアルデヒドデヒドロゲナーゼによってコハク酸に代謝される。

2.2.5 ホスホトランスフェラーゼ（phosphotransferase, EC 2.7.1群）

　アデノシン5′-三リン酸（ATP）などの高エネルギーリン酸結合を有する分子からリン酸基を転移する酵素の総称で，慣用的に**キナーゼ**（kinase）と呼ばれ，Mg^{2+} あるいは Mn^{2+} などの2価の金属イオンを要求する。キナーゼにはさまざまなタイプがあるが，ヘキソキナーゼなどのような低分子化合物を基質として代謝経路で機能するタイプと，プロテインキナーゼのようなタンパク質を基質としてその機能を調節したり細胞内シグナル伝達経路で機能するタイプの二つに分けられる。

〔1〕 **ヘキソキナーゼ**（hexokinase, **HxK**）

　　　　ATP + D-ヘキソース ⇄ ADP + D-ヘキソース-6-リン酸

グルコースの定量に用いられる。

〔2〕 **ポリヌクレオチドキナーゼ**（polynucleotide kinase, **PNK**）

　　　5′-ヒドロキシルポリヌクレオチド + ATP ⇄
　　　　　　　　　　5′-リン酸化ポリヌクレオチド + ADP

　核酸の5′末端水酸基にリン酸基を転移する反応を触媒する。[γ-^{32}P]ATP をリン酸基供与体として DNA または RNA の5′末端を ^{32}P で標識する際に用いられる。また，リン酸基転移反応とリン酸基交換反応の両方を行うことができる。T4 ファージの *pse*T1 遺伝子にコードされており，T4 ファージを感染させた大腸菌から精製した酵素が通常使用される。

2.2.6 ヌクレオチジルトランスフェラーゼ（nucleotidyltransferase，EC 2.7.7群）

ヌクレオシド三リン酸（NTP）を供与体として，核酸の 3′ 末端水酸基にヌクレオシド一リン酸を転移する酵素を総称する。供与体の種類や鋳型 DNA の要求性によって以下の 3 種類に分類される。生体内の遺伝情報の複製と発現に関与する酵素で，試験管内での遺伝子組換え実験に使用される。

〔1〕 **DNA 依存 DNA ポリメラーゼ**（DNA-dependent DNA polymerase）

デオキシリボヌクレオシド三リン酸 ＋ DNA_n ⇄ ピロリン酸 ＋ DNA_{n+1}

鋳型 DNA とプライマーと 4 種類の dNTP を要求し，プライマーの 3′ 水酸基に鋳型の配列に相補的なデオキシリボヌクレオチドを付加する酵素。5′→3′ 伸長反応に加え，3′→5′ エキソヌクレアーゼ活性も併せてもつ。酵素によっては，これらの活性に加え，5′→3′ エキソヌクレアーゼ活性をもつものもある。

〔2〕 **DNA 依存 RNA ポリメラーゼ**（DNA-dependent RNA polymerase）

リボヌクレオシド三リン酸 ＋ RNA_n ⇄ ピロリン酸 ＋ RNA_{n+1}

鋳型 DNA と 4 種類の rNTP を要求し，RNA の 3′ 水酸基に鋳型の配列に相補的なリボヌクレオチドを付加して 5′→3′ 方向の伸長反応を行う酵素で，プライマーは要求しない。

〔3〕 **RNA 依存 DNA ポリメラーゼ**（RNA-dependent DNA polymerase）

デオキシリボヌクレオシド三リン酸 ＋ DNA_n ⇄ ピロリン酸 ＋ DNA_{n+1}

慣用的に逆転写酵素（reverse transcriptase）と呼ばれ，鋳型 RNA とプライマーと 4 種類の dNTP を要求し，DNA または RNA プライマーの 3′ 水酸基に鋳型の配列に相補的なデオキシリボヌクレオチドを付加して 5′→3′ 方向の伸長反応を行う酵素で，DNA も鋳型となる。RNA ウイルス由来の酵素が一般的に用いられる。

〔4〕 **ターミナルデオキシヌクレオチジルトランスフェラーゼ**
（terminal deoxynucleotidyltransferase，**TdT**）

デオキシリボヌクレオシド三リン酸 ＋ DNA_n ⇄ ピロリン酸 ＋ DNA_{n+1}

二本鎖 DNA の 3′ 水酸基に任意の dNTP を付加して 5′→3′ 方向の伸長反応を行う酵素で，鋳型を必要としない。TdT と略されることがある。

2.3 加水分解酵素

EC 3.1 群はエステル結合，EC 3.2 群はエーテル結合，EC 3.4 群はペプチド結合，EC 3.5 群はペプチド結合以外の C–N 結合をそれぞれ加水分解する酵素で，これらはいずれも産業用酵素として広く利用されている．

2.3.1 糖質分解酵素（glycosylase）（EC 3.2 群）
〔1〕 アミラーゼ（amylase）

アミラーゼはデンプンを加水分解する酵素に与えられた総称である．デンプンは，人類にとって主食の構成成分であるのみならず，さまざまな加工食品や工業製品の原料として用いられる物質である．これを分解するアミラーゼは現在でも最も広範な応用用途をもつ酵素である．アミラーゼの研究成果により，多くのデンプン加工技術が飛躍的な発展を遂げるとともに，新しい技術と製品が開発されてきた．わが国で製造されている酵素剤のうちで，アミラーゼの製剤はおよそ 80 ％を占めている．

アミラーゼの分類法は，その生成物の旋光度に基づいて α，β の二つに大別される．現在は下記（a）～（e）の分類が広く用いられている．このうち（a）～（d）の酵素の作用形式を示したのが図 2.3 である．

（**a**）**α-アミラーゼ**　デンプンの α-1,4 グリコシド結合（1,4 結合）をランダムに加水分解するエンド型の酵素で，生成される糖は α 型である．α-アミラーゼはアミラーゼの中でも特によく研究されている．動物，植物，微生物すべての生物界にわたって存在する酵素であるが，工業的には，ブタの膵臓，麦芽，*Bacillus subtilis*，麹菌などから製造される．

（**b**）**β-アミラーゼ**　デンプンやグリコーゲンの非還元末端からマルトース単位で 1,4 結合を逐次加水分解するエキソ型の酵素で，生成されるマルトースは β 型である．この酵素の起源は植物，なかでも大麦，小麦，ダイズ，サツマイモに豊富に存在する酵素で，*Bacillus* 属細菌にも存在するが，動物には見出されていない．工業的に利用されているのは，麦芽とダイズ由来の酵素

である。

　アミロースをほぼ100％マルトースに分解するが，アミロペクチンに作用したときは，α-1,6グリコシド結合（1,6結合）の直前でグルコース残基を1〜3個残して反応が停止し，巨大なデキストリン（β-限界デキストリン）を残す。

　（ｃ）　**グルコアミラーゼ**（glucoamylase）　　アミログルコシダーゼ（amyloglucosidase）とも呼ばれ，デンプンの非還元末端からグルコース単位で逐次分解し，アミロペクチンの1,6結合に到達するとそれも分解し，さらに内部の分解を進めるエンド型の酵素である。生成するグルコースはβ型で，デンプンをほぼ100％グルコースに分解するものと，70〜80％で分解を停止するものがあり，起源によってその性質が異なる。工業的には，*Rhizopus*属または*Aspergillus*属のかびから生産されている。

　（ｄ）　**イソアミラーゼ**（isoamylase）　　アミロペクチンの1,6結合を特異的に加水分解して，アミロース様物質を生成するとともに，グリコーゲンにも作用する。植物，酵母，細菌から見出されており，工業的には*Pseudomonas*属細菌から生産されている。

　（ｅ）　**プルラナーゼ**（pullulanase）　　プルランのα-1,6結合を加水分解し，マルトトリオースを生成する。アミロペクチンまたは分岐オリゴ糖のα-1,6結合も加水分解する。さまざまな細菌から生産されている。

　〔2〕　**セルラーゼ**（cellulase）

　セルロースはD-グルコースがβ-1,4結合で連なった繊維状高分子で，セルラーゼはセルロースのβ-1,4結合を加水分解する酵素と定義されている。セルロースは天然に存在する炭水化物の中で，量的に最も多く，通常の植物体に40〜50％含まれている。植物体にはこの他ヘミセルロース（20〜25％）とリグニン（20〜30％）が含まれ，これら3成分は化学的および物理的に複雑に結合し，リグニン-ヘミセルロース-セルロース複合体を形成している。

　そのうえ，天然のセルロースにはセルラーゼによる分解が困難な結晶領域が約50％存在しているため，セルラーゼによるセルロース様物質の糖化はきわめて困難である。セルロース様物質をセルラーゼで糖化させるためにはリグニ

ンの除去と結晶化度を下げるための前処理が必要となる。

セルラーゼは複数の酵素からなり，以下の3種類に大別されている。

　　　　　　　　　　（a）　　　　　　　　（b）　　　　　　（c）
天然セルロース　→　水和したセルロース　→　セロビオース　→　グルコース

（a）**アビセラーゼ**（avicelase）　部分的に分解されたセルロースを非還元末端からエキソ型で加水分解し，二糖であるセロビオースを生成する。エキソセロビオヒドロラーゼ（exocellobiohydrolase）とも呼ばれる。

（b）**エンド-1,4-β-D-グルカナーゼ**（endo-1,4-β-D-glucanase）　部分的に分解されたセルロースおよびカルボキシメチルセルロース（carboxymethyl cellulose, CMC）のような水溶性のセルロース誘導体をエンド型で加水分解するセルラーゼである。

（c）**β-グルコシダーゼ**（β-glucosidase）　セロビオースおよびセロオリゴ糖をグルコースに分解する。セロビアーゼ（cellobiase）とも呼ばれる。

〔3〕**ヘミセルラーゼ**（hemicellulase）

ヘミセルロース（hemicellulose）とは植物の細胞壁に存在する一群の多糖類の総称で，ヘキソースまたはペントースからできている。ヘミセルロースには，キシラン，ガラクタン，マンナンなどがあり，分解酵素はそれぞれキシラナーゼ（xylanase），ガラクタナーゼ（galactanase），マンナーゼ（mannase）と呼ばれている。ヘミセルラーゼの供給源はほとんど微生物に限られ，かび，細菌に広く存在する。

〔4〕**ペクチナーゼ**（pectinase）

ペクチン質に作用する酵素を広くペクチナーゼと総称するが，基質となるペクチン質の種類と，酵素の分解型式とによって細分化される。図 **2.5** に示すように，ペクチン質は高等植物，特に果実，野菜などに広く存在し，天然には水に不溶，熱水に可溶のプロトペクチンとして存在している。ペクチナーゼは食品加工などに利用されており，工業的に製造されているものはすべて *Aspergillus* 属などのかび由来である。

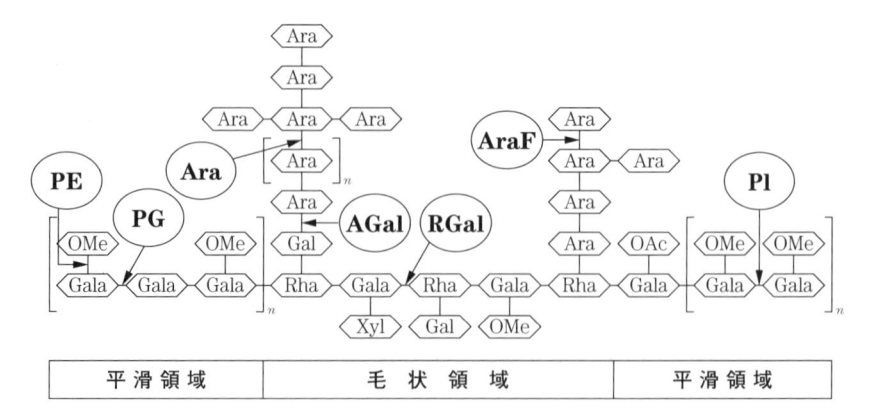

図2.5 果実ペクチンの構造とペクチン分解酵素の作用点[2]

Ara=アラビノース，Gal=ガラクトース，Gala=ガラクツロン酸，OMe=メチルエステル，OAc=エチルエステル，Rha=ラムノース，Xyl=キシロース
PE=ペクチンエステラーゼ，**PG**=ポリガラクツロナーゼ，**Ara**=アラバナーゼ，**AGal**=アラビノガラクターゼ，**RGal**=ラムノガラクツロナーゼ，**AraF**=アラビノフラノシダーゼ，**Pl**=ペクチンリアーゼ

ペクチンを構成するD-ガラクツロン酸のα-1,4結合をエンド型に加水分解するポリガラクツロナーゼ（polygalacturonase, EC 3.2.1.15, 狭義のペクチナーゼ）と，エキソ型に加水分解するエキソポリガラクツロナーゼ（exopolygalacturonase, EC 3.2.1.67）に加え，EC 3.2群には分類されないが，ペクチンエステラーゼ（pectin esterase）やペクチンリアーゼ（pectin lyase）などもペクチン質に作用する。

図2.5にペクチン分解酵素の作用点をまとめた。

〔5〕 **溶菌酵素**

溶菌酵素とは微生物の細胞壁を加水分解する酵素群の総称で，細胞壁溶解酵素とも呼ばれている。細胞壁を分解された微生物は一時的に膨張し，やがて破裂して細胞内容物が拡散するが，この現象を溶菌という。細胞壁の構造は微生物種により異なっており，溶菌酵素も多様である。

（a） **リゾチーム**（lysozyme） 細菌細胞壁の基本的な構造体であるムレイン（murein）と呼ばれる**ペプチドグリカン**（peptide glycan）は，**図2.6**に

2.3 加水分解酵素

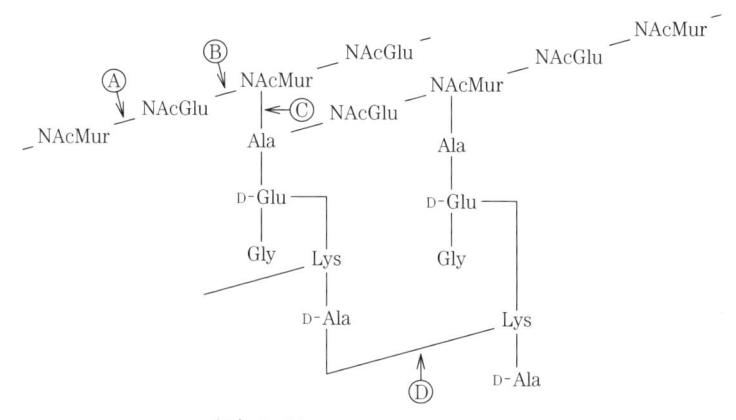

```
              ⒷーNAcMurーNAcGluー       ーNAcGluーNAcMurー
   ⒶーNAcGluーNAcMur ⒸーNAcGlu       NAcMur
ーNAcMur       |                      |
               Ala                    Ala
               |                      |
               D-Glu                  D-Glu
               |   ┐                  |   ┐
               Gly |                  Gly |
                   Lys                    |
               ┌───┘                      Lys
               D-Ala                      |
                   Ⓓ                      D-Ala
```

A：卵白リゾチーム
B：N-アセチルグルコサミニダーゼ
C：N-アセチルムラミル-L-アラニンアミダーゼ
D：ペプチダーゼ

図 2.6 *Micrococcus lysodeikticus* のペプチドグリカンの部分構造と分解酵素の作用点（辻阪好夫他編：応用酵素学，講談社サイエンティフィク（1979）より転載）

示すような構造をとっている．代表的な溶菌酵素として，ペプチドグリカン部分に作用するリゾチームがあり，ムラミダーゼ（muramidase）とも呼ばれ，N-アセチルムラミン酸（NAcMur）と N-アセチル-D-グルコサミン（NAcGlu）の間の β-1,4 結合を加水分解する．

　リゾチームの代表的な供給源は**卵白**で，1965 年に X 線結晶構造解析により立体構造が解明されている．きわめて簡単でかつ高い収率で結晶化されるので，製造法として現在も採用されている．また，結晶化実験のモデルタンパク質としても有名である．図 2.6 に示すように，リゾチームの他にもアミダーゼやペプチダーゼによって細菌は溶菌する．

（**b**）　**β-1,3 グルカナーゼ**（β-1,3 glucanase）　酵母の細胞壁はマンナン（mannan），グルカン（glucan），キチン（chitin）などの多糖とタンパク質，脂質とからできており，これらの成分が相互に結合してからみ合った構造をとっている．グルカンは β-1,3 結合（80～90％）と β-1,6 結合（10～20％）から構成されているといわれている．酵母の溶菌は主として β-1,3 グルカナー

ゼで起こることが知られており，*Arthrobacter luteus* などのさまざまな細菌や酵母由来の酵素が工業的に生産されている。

（c）**キトサナーゼ**（chitosanase）　かびの細胞壁は繊維状キチンを骨格として，これを β-1,3 グルカンまたはキトサン（chitosan）（グルコサミンが β-1,4 結合で直鎖状に結合したもの）などの多糖類とタンパク質が包み込むような構造をしていると考えられている。菌の種類によって構造が変わるが，一般的に子囊菌に属するかびの細胞壁はグルカンとキチンからなり，接合菌のうち"けかび"目の細胞壁はキトサンとキチンよりなる。

キチン-グルカンを構成多糖とする細胞壁をもつかび（例えば，*Aspergillus* 属や *Penicillium* 属）などでは β-1,3 グルカナーゼとキチナーゼで，キトサン-キチンを構成多糖とする細胞壁をもつかび（*Rhizopus* 属や *Mucor* 属）などではキトサナーゼ単独作用でよく溶解される。

（d）**キチナーゼ**（chitinase）　キチンやキトデキストリン中の β-1,4 結合を加水分解する酵素である。キチナーゼの生産菌としては *Streptomyces* 属の菌がよく用いられる。

〔6〕　**デキストラナーゼ**（dextranase）

デキストラナーゼは**デキストラン**（dextran）の α-1,6 結合を加水分解する酵素である。図 2.7 に示す構造をもつデキストランは，*Leuconostoc* などの乳酸菌によってスクロースから合成される多糖で α-1,6 結合を主な結合とし，α-1,3，α-1,4，α-1,2 結合によって分枝している α-グルカンの通称である。

$$\begin{array}{c}
\text{+}(6\text{Glc}\alpha1\text{+})_m\,6\text{Glc}\alpha1\text{+}(6\text{Glc}\alpha1\text{+})_{m'} \\
3 \\
\uparrow \\
\alpha1 \\
(\text{Glc})_n \\
6 \\
\uparrow \\
\alpha1 \\
\text{Glc}
\end{array}$$

図 2.7　代表的なデキストランの構造[1]
$(m + m' + n = 23\sim25)$

作用形式によってエンド型とエキソ型に分けられる。サトウキビからの製糖過程への利用や，他の多糖分解酵素であるムタナーゼ（mutanase）やレバナーゼ（levanase）などとともに義歯の洗浄剤への利用も報告されている。細菌やかびによって製造されている。

〔7〕 **イヌリナーゼ**（inulinase）

イヌリン（inulin）はキク科植物の根または塊茎(かいけい)に存在する貯蔵多糖で，図2.8に示すようにD-フルクトースがβ-1,2結合で直鎖状に連結し，その末端にD-グルコースがα-1,2結合で結合し，非還元性グルコース残基を形成している物質である。イヌリナーゼはイヌリンの非還元D-フルクトース末端からD-フルクトース単位で逐次加水分解していく酵素である。植物，微生物起源の酵素が知られているが，起源によって反応生成物は若干異なる。イヌラーゼ（inulase）とも呼ばれる。

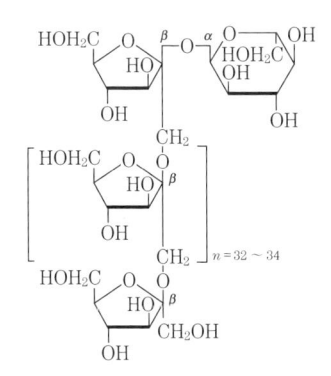

図2.8 イヌリンの構造[1]

〔8〕 **グリコシダーゼ**（glycosidase）

グリコシダーゼは各種配糖体のグリコシド結合を加水分解する酵素の総称で，オリゴ糖やアリルおよびアルキルグリコシドに作用する膨大な酵素群を指す。アミラーゼやセルラーゼ，デキストラナーゼなどの多糖分解酵素とは区別される。グリコシダーゼは通常その基質のグリコシドを構成している糖の種類と結合の型式，あるいは代表的な基質の名前によって慣用的に呼ばれることが多い。一般的に加水分解反応とともに糖転移反応によって，基質とは異なった

結合のグリコシドを生成するものが多い。グリコシダーゼの種類はおびただしい数に昇るが，工業的規模で応用されている酵素の数はそれほど多くない。

(a) α-グルコシダーゼ (*α*-glucosidase)　マルターゼ (maltase) とも呼ばれ，マルトース，アミロースおよびそのオリゴ糖に作用する。$α$-1,4 グルコオリゴ糖に特異性が高く，高分子グルカンやヘテログルコシドには比較的作用が低い。かびのデンプン分解系で重要な役割を果たしており，もろみ後期の発酵促進に利用される。

その他，$α$-1,4 結合に強い特異性をもつか，デンプンやグリコーゲンにも作用する酵素が動物の臓器や尿に見出されている。

(b) β-ガラクトシダーゼ (*β*-galactosidase)　ラクターゼ (lactase) とも呼ばれ，乳糖 (lactose) に作用した場合，その $β$-1,4 ガラクトシド結合を加水分解してガラクトースとグルコースを生じる。哺乳動物の臓器，植物の種子をはじめ，細菌，かび，酵母に広く存在する。大腸菌の酵素については，遺伝子の転写調節機構が詳細に研究されている。食品加工に用いられている。

(c) β-フルクトシダーゼ (*β*-fructosidase)　インベルターゼ (invertase) またはサッカラーゼ (saccharase) とも呼ばれる。スクロース (sucrose) に作用してフルクトースとグルコースを生成する酵素である。きわめて多数の微生物や高等植物に存在するが，工業的には酵母が重要な給源となっており，食品加工に用いられている。

(d) α-ガラクトシダーゼ (*α*-galactosidase)　メリビアーゼ (melibiase) とも呼ばれる。メリビオース，ラフィノースのようなオリゴ糖や各種のアリルおよびアルキル $α$-D-ガラクトシドを加水分解する酵素である。工業的には甜菜糖(てんさい)に多く含まれるラフィノースを分解してガラクトースとスクロースを生成させ，スクロースの収率を向上させるために使用される。甜菜などの高等植物や多くの微生物に存在するが，工業的な酵素源としてはかび *Mortiella vinacea* が用いられる。また，ファブリー (Fabry's) 病の治療薬としての治験が進行中である。

(e) ナリンジナーゼ (narindinase)　ラムノシダーゼ (rhamnosidase)

とβ-ガラクトシダーゼからなる複合酵素である。夏ミカンの苦み物質であるナリンジンなどのラムノースとグルコースの間のα-1,2ラムノシド結合を切断する。ミカン類の**缶詰**やジュースの製造に利用されている。酵素剤は主として *Aspergillus niger* から製造されている。

2.3.2　プロテアーゼ（protease）（EC 3.4群）

　種々のタンパク質およびペプチドのペプチド結合を加水分解する酵素を総称してプロテアーゼという。その中のあるものはプロテイナーゼ（proteinase）あるいはペプチダーゼ（peptidase）と呼ばれることもある。動物，植物，微生物など広く存在し，その種類はきわめて多い。これらの酵素は**図 2.9**に示すペプチド結合の加水分解の他に，反応条件によってはアミド結合やエステル結合の加水分解，あるいはペプチド結合の転移合成反応を触媒するものもある。

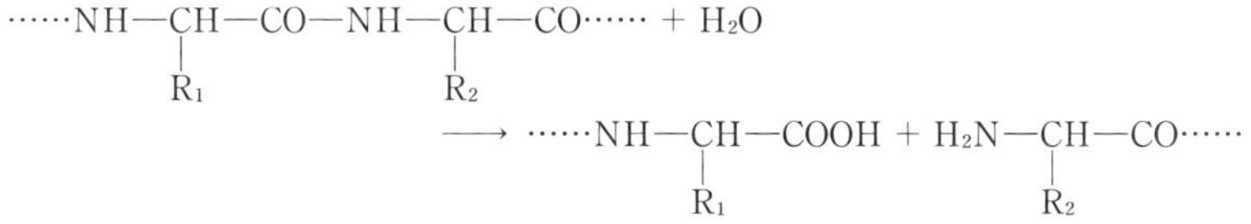

$$\cdots\cdots NH-\underset{R_1}{CH}-CO-NH-\underset{R_2}{CH}-CO\cdots\cdots + H_2O$$

$$\longrightarrow \cdots\cdots NH-\underset{R_1}{CH}-COOH + H_2N-\underset{R_2}{CH}-CO\cdots\cdots$$

R_1，R_2 はアミノ酸の側鎖を表す

図 2.9　ペプチドの加水分解反応式

　多くのプロテアーゼは触媒的に不活性なチモーゲン（zymogen）（またはプロエンザイム（proenzyme））あるいは阻害物によって不活性化された形で生体内で合成され，周囲の条件によって自己消化または他のプロテアーゼによる限定加水分解，あるいは阻害物の除去によって活性化される。しかし，活性な形で生成されるプロテアーゼも多くある。

　これらの酵素の生理的役割は生物，組織，器官によって異なり，食餌や栄養物を利用するための消化分解，体成分タンパク質の新陳代謝，異種タンパク質の分解除去などさまざまな生理作用が考えられる。プロテアーゼは作用様式や作用機構に基づいて**表 2.3**のように分類できる。

　産業上重要なプロテアーゼについて，生産される生物によって分類すると以

表 2.3 プロテアーゼの分類法

分類法	種類		作用機構と特徴
作用様式	エンドペプチダーゼ		基質内部のペプチド結合に作用
	エキソペプチダーゼ	アミノペプチダーゼ	アミノ末端に作用
		カルボキシペプチダーゼ	カルボキシル末端に作用
作用機構	セリンプロテアーゼ		触媒作用にセリン残基が関与
	チオールプロテアーゼ		活性に関与するチオール基を有する
	酸性プロテアーゼ		至適 pH が低いことが特徴 活性にカルボキシル基が関与
	金属プロテアーゼ		活性に必要な金属（多くは Zn）を含む 多くの場合至適 pH が中性付近にある

下のようになる。

〔1〕 動物由来のプロテアーゼ

（a） **キモトリプシン**（chymotrypsin）および**トリプシン**（trypsin） ウシ，ブタをはじめ種々の動物の膵臓で生成されるセリンプロテアーゼ（枠内トピックスを参照）である。不活性なチモーゲンとして生成され，膵液によって小腸に運ばれて，自己消化あるいは他のプロテアーゼで部分的に分解されて活性化される。キモトリプシンは Tyr，Trp，Phe，Leu，トリプシンは Arg，Lys のカルボキシル基側のペプチド結合を優先的に加水分解し，その基質特異性は比較的狭いので，タンパク質の一次構造解析のための限定加水分解反応に用いられる。

（b） **ペプシン**（pepsin）　ブタをはじめ種々の動物の胃から得られる酸性プロテアーゼで，不活性なチモーゲンとして生成され，自己消化による部分分解で活性化される。Phe，Leu あるいは Gln カルボキシル基側のペプチド結合を優先的に加水分解し，その基質特異性は比較的広い。

セリンプロテアーゼ

活性部位に Ser のあるプロテアーゼの総称。活性部位には Ser の他に Asp，His などの残基が共通に存在し，触媒三つ組残基（catalytic triad）と呼ばれている。

（c） **キモシン**（chymosin）　レンニン（rennin）とも呼ばれるが，レニン（renin：アンギオテンシノーゲンを加水分解してアンギオテンシンIを生成するタンパク質分解酵素（EC 3.4.23.15））との混同を避けるために使用が避けられている。哺乳期の仔ウシの第4胃の胃液中に生成される酸性プロテアーゼで，不活性なプロキモシンとして存在し，酸性条件下で自己消化による部分分解を受け活性化される。Phe，Leu のカルボキシル基側のペプチド結合を優先的に加水分解する。凝乳作用が強いという特徴がある。

〔2〕 **植物由来のプロテアーゼ**
（a） **パパイン**（papain）　パパイヤの乳汁から得られた酵素で，活性中心に Cys が存在するチオールプロテアーゼである。基質特異性はトリプシンに似ているが，トリプシンより広く，Arg や Lys のカルボキシル基側のペプチド結合を優先的に加水分解する。食品加工に利用される。

（b） **ブロメライン**（bromelain）　パイナップルから得られるチオールプロテアーゼの総称で，塩基性アミノ酸，芳香族アミノ酸のカルボキシル基側のペプチド結合を優先的に加水分解する。食品加工に利用される。

〔3〕 **微生物由来のプロテアーゼ**
微生物由来プロテアーゼは種類が多く，ほとんどの動物由来プロテアーゼの類似酵素が見出されている。微生物由来プロテアーゼは，菌体外（分泌）酵素と菌体内酵素に分けられる。細菌およびかびのプロテアーゼは主として菌体外酵素であり，酵母のプロテアーゼは主として菌体内酵素である。

（a） **サブチリシン**（subtilisin）　枯草菌およびその類縁菌によって生成されるアルカリ性プロテアーゼで，キモトリプシン，トリプシンと触媒的性質が似ている。バルキーな非電荷アミノ酸のカルボキシル基側のペプチド結合を優先的に加水分解するセリンプロテアーゼである。基質特異性は比較的広い。

（b） **ムコールペプシン**（mucor pepsin）　*Mucor* 属のかびによって生成される酸性プロテアーゼで，その性質はキモシンによく似ており，凝乳作用が強い。ムコールレンニンまたはレンネットと呼ばれることもある。

（c） **サーモライシン**（thermolysin）　*Bacillus thermoproteolyticus* 由来

の高温性金属プロテアーゼで，疎水性アミノ酸である Ile, Leu, Val, Phe, Met, Ala のカルボキシル基側を分解するが，Pro の場合は分解が阻害される。加水分解反応の逆反応を利用してペプチド（合成甘味料アスパルテーム前駆体）の合成にも応用されている。

〔4〕 その他の特徴あるプロテアーゼ

（a） **コラゲナーゼ**（collagenase）　コラーゲンは動物の皮膚，結合組織，骨などの存在するタンパク質で，全アミノ酸の 1/3 は Gly からなり，3本のポリペプチド鎖が三重らせんを形成している。Gly のアミノ基側のペプチド結合を特異的に加水分解してコラーゲン分子の崩壊を引き起こす酵素をコラゲナーゼと呼び，動物および微生物由来の酵素が知られている。EDTA で阻害される金属プロテアーゼである。

（b） **エラスターゼ**（elastase）　エラスチンは動物の結合組織にある弾力に富んだ繊維状タンパク質であり，Gly, Ala, Val の含量が多い。ウシ，ブタなどの膵臓にあるエラスチン溶解力が強いプロテアーゼをエラスターゼと呼ぶ。中性アミノ酸残基のカルボキシル基側のペプチド結合を優先的に加水分解するセリンプロテアーゼである。

（c） **V8 プロテアーゼ**　*Staphylococcus aureus* V8 株由来のセリンプロテアーゼで，Glu および Asp のカルボキシル基側を特異的に分解する。

（d） **カルボキシペプチダーゼ**（carboxypeptidase）　ペプチド鎖の遊離したカルボキシル末端から，加水分解によって L-アミノ酸を遊離するエキソペプチダーゼの総称で，由来の違いにより A, B, Y などが知られている。

カルボキシペプチダーゼ A および B は，ウシ，ブタなどの膵液中に存在する酵素で，プロ体として生成されたのちトリプシンなどによって活性化される。カルボキシペプチダーゼ A はカルボキシル末端のアミノ酸が，Lys, Arg, Pro 以外の場合，カルボキシペプチダーゼ B はカルボキシル末端のアミノ酸が，Lys, Arg などの塩基性アミノ酸の場合にそれぞれ作用する。カルボキシル末端のアミノ酸が Pro の場合に作用する酵素として，パン酵母のカルボキシペプチダーゼ Y などが知られている。

2.3.3 脂質分解酵素（EC 3.1群）

〔1〕 **リパーゼ**（lipase）

トリアシルグリセロール ＋ H_2O ⇌ ジアシルグリセロール ＋ カルボン酸

リパーゼは，**トリアシルグリセロール**（triacylglycerol, **TAG**）を加水分解する酵素であるが，水を制限した反応系中ではエステル化反応やエステル交換反応も触媒する。

1) **エステル化反応**（esterification）

$$R_1OH + R_2COOH \rightarrow R_1OCOR_2 + H_2O$$

2) **エステル交換反応**（transesterification）

 2-1) アシドリシス（acidolysis）

$$ROCOR_1 + R_2COOH \rightarrow ROCOR_2 + R_1COOH$$

 2-2) アルコリシス（alcoholysis）

$$ROCOR + R_1OH \rightarrow R_1OCOR + ROH$$

 2-3) 分子間エステル交換（interesterification）

$$R_1OCOR_2 + R_3OCOR_4 \rightarrow R_1OCOR_4 + R_3OCOR_2$$

動物では膵臓，肝臓，脂肪組織，胃，腸，血液，乳などに，植物ではヒマシ，ダイズその他油脂を多量に含む種子や，小麦，エン麦，米ぬかなどに存在することが知られ，微生物にも，細菌，かび，酵母などに強力な生産菌が見出されている。リパーゼの酵素学的性質や作用特異性（脂肪酸特異性，アルコール特異性，TAGのエステル結合に対する位置特異性など）は給源により異なる。TAGの1,3-位エステル結合のみを認識する1,3-位特異的酵素と，すべてのエステル結合を認識する非特異的酵素に分類される。しかし，2位のエステル結合を優先的に加水分解する酵素は発見されていない。

Rhizomucor miehei をはじめとするさまざまなリパーゼが結晶化され，その立体構造が明らかにされている。活性中心は，セリンプロテアーゼと同様にSer，Asp（Glu），Hisの三つのアミノ酸残基から構成されている。リパーゼの一次構造上で極きわめてよく保存されたアミノ酸モチーフ（Gly-X-Ser-X-Gly）中のSerが求核攻撃することによって，加水分解反応が進行する。

リパーゼはアミラーゼやプロテアーゼとともに，3大消化酵素の一つとして医薬品へ添加されるとともに，食品加工，洗剤への添加，光学活性体合成への利用など，きわめて応用範囲の広い酵素である。

〔2〕 **リポプロテインリパーゼ**（lipoprotein lipase）

タンパク質とTAGの複合体であるリポタンパク質中のTAGを分解する酵素で，心臓，肺，肝臓，血漿など動物組織や微生物に存在する。動物の酵素は，血液中リポタンパク質のTAGを加水分解してカロリー源となる脂肪の取込みや利用を調節する役割を果たしている。診断用酵素として利用されており，微生物由来のものが多い。

〔3〕 **ホスホリパーゼ**（phospholipase）

ホスホリパーゼは，リン脂質を加水分解する酵素の総称である。本酵素の基質としてレシチン（ホスファチジルコリン）がよく用いられるのでしばしばレシチナーゼ（lecithinase）と呼ばれる。図2.10に示すとおり，リン脂質には4個のエステル結合があるので，ホスホリパーゼは作用位置に応じてA（A_1，A_2），B，C，Dと名づけられており，動物，植物，微生物などのさまざまな生物に存在する。ホスホリパーゼDは食品加工への用途が考えられる。

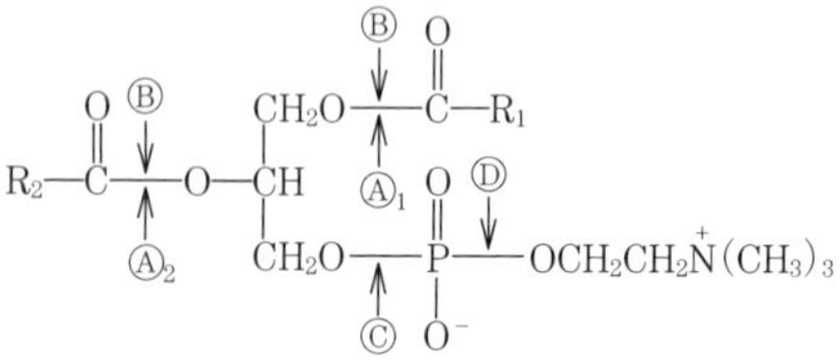

名　称	作用部位	反応生成物
ホスホリパーゼ A_1	Ⓐ₁	リゾレシチン+α位脂肪酸
〃　　　　A_2	Ⓐ₂	〃　　　+β位脂肪酸
〃　　　　B	Ⓑ	グリセリルホスホリルコリン+脂肪酸（2分子）
〃　　　　C	Ⓒ	ジグリセロール+ホスホリルコリン
〃　　　　D	Ⓓ	ホスファチジン酸+コリン

図2.10　ホスホリパーゼの作用と反応生成物（辻阪好夫 他編：応用酵素学，講談社サイエンティフィク (1979) より転載）

〔4〕 **コレステロールエステラーゼ**（cholesterol esterase）

$$\text{コレステロールエステル} + H_2O \rightleftarrows \text{コレステロール} + \text{脂肪酸}$$

コレステロールエステルを加水分解し，脂肪酸とコレステロールを生成する酵素で，逆反応も可能である。哺乳動物の膵臓や肝臓，微生物由来の酵素について詳細な研究がなされている。血清コレステロールの定量などには微生物由来の酵素が利用されている。

2.3.4 ヌクレアーゼ（nuclease）（EC 3.1群）

ヌクレアーゼは種々のDNA，RNA，ヌクレオチドに作用して，そのホスホジエステル結合（phosphodiester bond）を加水分解する酵素の総称である。ホスホジエステル結合の加水分解のみならず，転移反応を触媒する酵素もある。動植物，微生物をはじめファージやウイルスなどの非生物も含めてきわめて広く分布し，多様な酵素が存在する。

ヌクレアーゼはその作用様式によってエンドヌクレアーゼとエキソヌクレアーゼに分けられる。エンドヌクレアーゼはポリヌクレオチド鎖内部のホスホジエステル結合を分解してオリゴヌクレオチドを遊離する酵素である。エキソヌクレアーゼはポリヌクレオチド鎖を末端から順次分解してモノヌクレオチドを遊離する酵素で，5′末端から作用する酵素と3′末端から作用する酵素に分けられる。

ヌクレアーゼの基質特異性は，一般に基質となる核酸の糖および塩基によって影響されるが，構成糖の種類や塩基には関係なく作用する酵素もある。糖に対する特異性によって，リボ核酸に作用する酵素をリボヌクレアーゼ（RNase），デオキシリボ核酸に作用する酵素をデオキシリボヌクレアーゼ（DNase）と呼ぶ。ある種のヌクレアーゼは塩基に対する特異性が高いが，厳密な塩基特異性を示さない酵素もある。細菌の制限酵素はDNAの特定の塩基配列を認識して特異的なホスホジエステル結合を加水分解するという，きわめて特異性の高いエンドヌクレアーゼである。

ヌクレアーゼによってホスホジエステル結合が加水分解される場合，酵素の

種類によって5′リン酸あるいは3′リン酸を生成する。また,二本鎖の核酸にしか作用しない酵素,二本鎖核酸の一本鎖にのみ作用するもの,一本鎖の核酸にのみ作用する酵素などさまざまである。DNAの修飾に用いられる主なヌクレアーゼの特徴を**表2.4**にまとめた。

表2.4 DNAの修飾に用いられる主なヌクレアーゼの特徴[5]

酵素	由来	特異性	分解産物
エキソヌクレアーゼ			
DNAポリメラーゼ	E. coli	5′ ←←3′ / 3′→→ ←5′	pN
エキソヌクレアーゼ	ヘビ毒	←← / →→	pN
エキソヌクレアーゼⅢ	E. coli	→→	pN
λエキソヌクレアーゼ	λファージ	←←←	pN
エンドヌクレアーゼ			
DNase I	ウシ膵臓	↓↓↓↓↓ / ↑↑↑	oligo(N)
ヌクレアーゼ	ナタマメ	↓↓↓↓↓	pN
S1ヌクレアーゼ	*Aspergillus oryzae*	↓↓↓↓↓	pN
ヌクレアーゼBAL31	*Alteromonas espejiana* BAL31	↓ ↓→ ←↓ ↓ / → ←	pN

〔注〕 矢印の数は,活性の相対的な強さを模式的に示している。

〔1〕 **動物由来のヌクレアーゼ**

(**a**) **膵臓リボヌクレアーゼ** ウシの膵臓から得られる酵素で,ribonuclease I (RNase I) またはribonuclease A (RNase A) と呼ばれる。一本鎖RNAに作用するエンドヌクレアーゼで,反応中間体として2′,3′-サイクリックリン酸を生成したのち3′末端にリン酸基が結合したシトシンまたはウラシルをもつオリゴヌクレオチドを生成する。

(**b**) **膵臓デオキシリボヌクレアーゼ** ウシの膵臓から得られる酵素で,deoxyribonuclease I (DNase I) と呼ばれる。二本鎖DNAに作用するエン

ドヌクレアーゼで，5′末端にリン酸基が結合したオリゴヌクレオチドまたはジヌクレオチドを生成する。塩基に対する厳密な特異性はなく，Mg^{2+}，Mn^{2+}，Co^{2+}などの2価の金属イオンで活性化される。ニックトランスレーションによるDNAの標識に利用される。

（c）**ヘビ毒エキソヌクレアーゼ**　ヘビ毒（snake venom）に含まれる酵素で，歴史的に有名である。DNA，RNAいずれにも作用して，ポリヌクレオチド鎖を3′末端から順次切断して5′モノヌクレオチドを生成する。活性にMg^{2+}を要求する。

〔2〕 **植物由来のヌクレアーゼ**

ナタマメヌクレアーゼ（mung bean nuclease）　ナタマメ（和名：緑豆，学名：*Vigna radiata*）のエンドヌクレアーゼで，一本鎖のDNAとRNAの両方に作用する。活性にZn^{2+}を要求する。

〔3〕 **微生物由来のヌクレアーゼ**

（a）**S1ヌクレアーゼ**（S1 nuclease）　麹菌のふすま培養抽出液（タカジアスターゼ原末）のアルコール沈殿画分から分離される酵素である。熱変性一本鎖DNAをきわめて優先的に加水分解するエンドヌクレアーゼで，5′末端にリン酸基が付加したモノヌクレオチドとオリゴヌクレオチドを生成する。一本鎖のDNAとRNAにも作用する。活性にZn^{2+}またはCo^{2+}を要求する。

（b）**ヌクレアーゼBAL31**（nuclease BAL31）　海洋性細菌 *Alteromonas espejiana* BAL31株の菌体外ヌクレアーゼである。一本鎖DNAには特異的なエンドヌクレアーゼとして作用するが，二本鎖DNAには両端を末端から同時に分解する5′→3′および3′→5′エキソヌクレアーゼ活性を示す。活性にMg^{2+}またはCa^{2+}を要求する。

（c）**リボヌクレアーゼH**（ribonuclease H）　RNA-DNAハイブリッド中に含まれるRNA鎖を特異的に切断するエンドヌクレアーゼである。最初は仔ウシ胸腺から見出されたが，その後細菌やRNA腫瘍ウイルスなど種々の生物で発見された。由来する生物によって性質は異なっている。大腸菌の酵素が遺伝子工学用研究試薬として用いられている。活性にMg^{2+}またはMn^{2+}を

要求する。

（d） エキソヌクレアーゼ III（exodeoxyribonulease III） 大腸菌の生産する $3'→5'$ エキソヌクレアーゼで，$5'$ リン酸基をもつヌクレオチドを生成する。二本鎖を形成している $3'$ 水酸基をもつ末端からのみ分解する。

（e） 制限酵素（restriction endonuclease） さまざまな真正細菌および古細菌（archaea）に存在するエンドヌクレアーゼで，活性発現に必要な補因子の違いによって，I 型（EC 3.1.21.3），II 型（EC 3.1.21.4），III 型（EC 3.1.21.5）と IV 型に分類される。

試薬として販売されている酵素は活性に Mg^{2+} を要求する II 型と呼ばれる酵素で，二本鎖 DNA の 4〜8 塩基対を認識して，塩基配列の内側または近傍の特定のホスホジエステル結合を加水分解し，$5'$ 末端にリン酸基が付加したDNA 断片を生成させる。現在 3500 種以上の酵素が見出されており，それらの詳細な情報は Web（http://rebase.neb.com/rebase/rebase.html）で公開されている。

（4） ファージ由来のヌクレアーゼ

λ エキソヌクレアーゼ(lambda exonuclease)　λ ファージにコードされた $5'→3'$ エキソヌクレアーゼで，$5'$ リン酸基をもつヌクレオチドを生成する。$5'$ リン酸基をもつ末端に特異的で，$5'$ 水酸基をもつ末端には作用せず，またニックまたはギャップにも作用しない。ファージが感染した大腸菌から精製される。

2.3.5　ペプチド結合以外の C-N 結合を加水分解する酵素（EC 3.5 群）

〔1〕 ウレアーゼ（urease）

$$H_2NCONH_2 + H_2O \rightleftarrows 2NH_3 + CO_2$$

ウレアーゼは尿素に作用してアンモニアと二酸化炭素に分解する酵素で，1926 年にサムナーによってナタマメから初めて結晶化された酵素として有名である。肝硬変でよく見られる高アンモニア血症は，これまで主として大腸菌のウレアーゼによる尿素からのアンモニアの産生によると考えられてきたが，

最近，枠内トピックスに示す *Helicobacter pylori*（ピロリ菌）のウレアーゼ活性が非常に高いことが明らかにされ，胃での大量のアンモニアの産生の可能性が指摘されている。

〔2〕 **アミノアシラーゼ**（aminoacylase）

種々の N-アシル-L-アミノ酸を加水分解して遊離のアミノ酸を生成する酵素である。

$$R_1\text{—CONH—CH(R}_2\text{)—COOH} + H_2O \rightleftarrows R_1\text{—COOH} + H_2N\text{—CH(R}_2\text{)—COOH}$$

R_1；脂肪酸残基，　R_2；アミノ酸の側鎖

N-アシル-D-アミノ酸には作用せず，L アミノ酸の N-アシル基を選択的に分解するという特異性を利用して，DL-アミノ酸の光学分割による L-アミノ酸の製造に用いられる。

〔3〕 **ペニシリンアミダーゼ**（penicillin amidase）

ペニシリンアシラーゼともいい，種々のペニシリン側鎖のアミド結合を加水分解して 6-アミノペニシラン酸を生成する。かび，細菌，酵母などの微生物に広く分布している。生成した 6-アミノペニシラン酸に本酵素の逆反応を用いて新しい側鎖を結合させることにより，アンピシリンなどの合成ペニシリンを合成することも可能である。

〔4〕 **ヒダントイナーゼ**（hydantoinase）

ヒダントインのカルボン酸アミドを加水分解する酵素で，D-体または L-体

ピロリ菌

胃炎，胃・十二指腸潰瘍，胃ガンなどの原因菌として注目されているらせん菌で，1983 年にマーシャル（B.J. Marchall）とウォレン（J.R. Warren）が慢性胃炎患者の胃粘膜から純培養することに成功した。ピロリ菌が強酸性下の胃の中で生育できるのは，ウレアーゼを分泌して胃の中にある尿素をアンモニアと二酸化炭素に分解して，アンモニアで酸を中和することによって身を守っているためと考えられる。最近では，ピロリ菌の検出にウレアーゼ活性が指標とされる点でも注目を浴びている。

ヒダントインに特異的な酵素がある。D-**ヒダントイナーゼ**（EC 3.5.2.2）は，カルバミラーゼとともにp-ヒドロキシフェニルヒダントインから非天然型アミノ酸であるD-p-ヒドロキシフェニルグリシン合成プロセスに利用されている。L-ヒダントイナーゼ（EC 3.5.2.4）を用いたL-アミノ酸合成プロセスは現在開発中である。

〔5〕 **カルバミラーゼ**（carbamoylase）

N-カルバモイル-D-アミノ酸のカルボン酸アミドを加水分解する酵素で，*Pseudomonas*属細菌の酵素は，p-ヒドロキシフェニルヒダントインから非天然型アミノ酸であるD-p-ヒドロキシフェニルグリシン合成プロセスに利用されている。

〔6〕 **L-リシンラクタマーゼ**（L-lysine lactamase）

DL-α-アミノカプロラクタムを加水分解してL-リシンを生成する酵素で，リシンの酵素合成反応プロセスに一時期利用されていた。

2.3.6 その他の加水分解酵素

〔1〕 **ホスファターゼ**（phosphatase）

$$R-O-\underset{OH}{\underset{|}{P}}(=O)-OH + H_2O \rightleftarrows R-OH + HO-\underset{OH}{\underset{|}{P}}(=O)-OH$$

ホスホモノエステルを加水分解して無機リン酸を遊離する酵素の総称である。第一級アルコール，第二級アルコール，糖アルコール，環状アルコール，芳香族アルコール，アミンなど幅広い基質特異性をもっている。

反応至適pHが酸性側（pH 5付近）にあるものを酸性ホスファターゼ，アルカリ性側（pH 8～9）にあるものをアルカリ性ホスファターゼと呼ぶ。酸性ホスファターゼは動物組織，牛乳，種々の微生物などに，アルカリ性ホスファターゼは動物組織，種々の植物や微生物に存在し，いずれも活性にZn^{2+}を要求する。

ホスファターゼは種々のリン酸化合物の脱リン酸に利用され，例えば核酸の末端修飾には，仔ウシの腸（calf intestine）または大腸菌由来のアルカリ性ホスファターゼが利用されている。

〔2〕 **ヌクレオシダーゼ**（nucleosidase）

ヌクレオシダーゼはヌクレオシドを核酸塩基と糖に加水分解する酵素の総称である。塩基に対して特異的な酵素と非特異的な酵素がある。本酵素とホスホリラーゼを用いたプリンヌクレオシドから抗ウィルス活性をもつ化合物の酵素変換反応が報告されている。

〔3〕 **タンナーゼ**（tannase）

タンニンは植物に含まれる比較的高分子量のポリフェノール化合物の一種である。タンナーゼの二没食子酸（digallate）に対する作用は下式のように表される。

$$\text{HO}\underset{\text{HO}}{\overset{\text{HO}}{\diagup}}\!\!-\!\!\text{COO}\!-\!\underset{\text{OH}}{\diagup}\!\!-\!\!\text{COOH} + H_2O \rightleftarrows 2\ \text{HO}\underset{\text{HO}}{\overset{\text{HO}}{\diagup}}\!\!-\!\!\text{COOH}$$

タンナーゼは微生物，主としてかびおよび酵母に認められている。コーヒー豆抽出液などタンニンを多量に含む食品の苦味や渋味の改善や変色防止，混濁の除去などの食品加工分野に，麹菌由来の酵素が利用されている。

〔4〕 **ペクチンメチルエステラーゼ**（pectin methylesterase）

ペクチンのガラクツロン酸のメチルエステルを加水分解する。

2.4 リアーゼ

C-O，C-N，C-C 結合などを脱離反応によって分解する酵素で，デカルボキシラーゼ（decarboxylase），アルドラーゼ（aldolase），デヒドラターゼ（dehydratase）などが含まれる。

2.4.1 C-C リアーゼ（EC 4.1 群）

〔1〕 **アミノ酸デカルボキシラーゼ**

アミノ酸デカルボキシラーゼは，アミノ酸から二酸化炭素とアミンまたは別種のアミノ酸を生成する反応を触媒する。補酵素としてピリドキサールリン酸（PLP）をもつものと，活性中心にピルビン酸残基をもつものがある。一般に L-アミノ酸にのみ作用する。微生物，動物，高等植物に広く分布している。哺乳動物には種々の生理活性アミンがあり，これらを生成するアミノ酸デカルボキシラーゼが代謝上重要な役割を果たしている。

グルタミン酸デカルボキシラーゼやリシンデカルボキシラーゼなどがよく知られており，これらは，α-位のカルボキシル基を脱離してそれぞれ γ-アミノ酸である 4-アミノ酪酸とアミンであるカダベリンを生成する。

$$R-CH_2-\overset{\alpha}{\underset{NH_2}{CH}}-COOH \rightarrow R-CH_2-CH_2-NH_2 + CO_2$$

一方，アスパラギン酸デカルボキシラーゼ（L-aspartate 4-carboxy-lyase）は，β-位カルボキシル基を脱離して，二酸化炭素と L-アラニンを生成する。

〔2〕 **その他の C-C リアーゼ**

（a） **β-チロシナーゼ**（β-tyrosinase）　チロシンフェノールリアーゼ（L-tyrosine phenol-lyase）とも呼ばれ，チロシンのフェノール，ピルビン酸，アンモニアへの α, β-脱離反応を触媒する。結合補酵素 PLP が活性に必須である。大腸菌や，*Erwinia herbicola* などから精製されている。以下に示す種々の反応を触媒する**多機能酵素**である。

1） α, β-脱離反応

$$HO-\bigcirc-CH_2CH(NH_2)COOH + H_2O \rightarrow HO-\bigcirc + CH_3COCOOH + NH_3$$

L- または D-チロシンなどの α, β-脱離反応を触媒し，ピルビン酸を生成するが，L-トリプトファンなどは基質とならない。

2) **β-置換反応**

$$RCH_2CH(NH_2)COOH + HO-\phenyl \rightarrow HO-\phenyl-CH_2CH(NH_2)COOH + RH$$

L-セリンとフェノールから L-チロシンを生成する β-置換反応を触媒する。

3) **ラセミ化反応**

$$\text{D(または L)-}CH_3CH(NH_2)COOH \rightarrow \text{DL-}CH_3CH(NH_2)COOH$$

D-または L-アラニンをラセミ化する。

4) **合成反応**

$$HO-\phenyl + CH_3COCOOH + NH_3 \rightarrow HO-\phenyl-CH_2CH(NH_2)COOH + H_2O$$

α, β-脱離反応の逆反応，すなわちフェノールおよびその誘導体，ピルビン酸，アンモニアから L-チロシン，および用いたフェノール化合物に相当するチロシン誘導体が合成される。

（b） **トリプトファナーゼ**（tryptophanase）　トリプトファンインドールリアーゼ（L-tryptophan indole-lyase）とも呼ばれ，β-チロシナーゼと同様に PLP を補酵素とする多機能酵素である。インドール酢酸，ピルビン酸，アンモニアからの L-トリプトファンの酵素合成反応に利用されている。

β-チロシナーゼやトリプトファナーゼなどの多機能酵素は，酵素の触媒機構や立体構造など詳細な研究が行われているとともに，化学工業における合成反応の触媒として利用されている。

2.4.2　C-O リアーゼ（EC 4.2 群）

〔1〕 **フマラーゼ**（fumarase）

フマラーゼはリンゴ酸の可逆的な脱水反応を触媒する。

$$HOOCCH=CHCOOH + H_2O \rightleftarrows HOOCCH(OH)CH_2COOH$$

クエン酸回路（トリカルボン酸（TCA）回路とも呼ばれる）の酵素で，

TCA回路をもつすべての生物に存在する。乳酸菌などフマラーゼを高生産する微生物の菌体を用いたL-リンゴ酸の工業的製造に利用されている。

〔2〕 **トリプトファンシンターゼ**（tryptophan synthase）

トリプトファンシンターゼは微生物および植物におけるトリプトファンの生合成経路の最終の反応を触媒する酵素で，インドール-3-グリセロリン酸あるいはインドールとL-セリンからL-トリプトファンを合成する。タンパク質1分子当り1分子のPLPを含有しており，大腸菌から単離された酵素は多機能酵素で，トリプトファン合成反応に加え，L-セリン，L-トレオニン，L-システインのα,β-脱離反応，β-置換反応，アミノ基転移反応の4種類の反応を触媒する。

〔3〕 **ペクチンリアーゼ**（pectin lyase）

ペクチンリアーゼはペクチンの$(1 \rightarrow 4)$-6-O-ガラクツロナンメチルエステルのβ-脱離反応を触媒する酵素で，エンド型にペクチンを分解する酵素である。細胞壁の分解に用いられる。

〔4〕 **ニトリルヒドラターゼ**（nitrile hydratase，**NHase**）

$$RCN + H_2O \rightleftarrows RCONH_2$$

ニトリルヒドラターゼは，短鎖脂肪族ニトリルを水和して酸アミドを生成する反応を触媒する酵素で，1982年に日本で*Arthrobacter* sp. J-1株から初めて単離された。アクリロニトリルからアクリルアミドの合成に応用するため，アクリロニトリルに対する強力なNHase活性を示す菌株が探索された結果，*Rhodococcus*属細菌，*Pseudomonas chlororaphis* B 23株，*Rhodococcus rhodochrous* J1株などから見出され，工業生産に利用されている。特に，*R. rhodochrous* J1株は2種類のNHaseを生成し，アクリルアミドに対して高い活性を示す酵素（H-NHase）はコバルトを補因子とし，培地中にコバルトを添加することで大量生産される。

2.4.3 C-Nリアーゼ（EC 4.3群）

アスパルターゼ（aspartase）やフェニルアラニンアンモニアリアーゼ

(phenylalanine ammonia-lyase) などがよく知られている。

アスパルターゼはL-アスパラギン酸をフマル酸とアンモニアに可逆的に転換する。

$$\text{L-HOOCCH}_2\text{CH(NH}_2\text{)COOH} \rightleftarrows \text{HOOCCH=CHCOOH} + \text{NH}_3$$

動物，高等植物，酵母，細菌などに広く分布する。本酵素を高生産する大腸菌を固定化したリアクターを用いて，フマル酸を原料としたL-アスパラギン酸の生産に利用されている。

2.4.4 C-Sリアーゼ（EC 4.4群）

メチオニン γ-リアーゼ（methionine γ-lyase）は，L-メチオニンの α-ケト酪酸，メタンチオール，アンモニアへの α, β-脱離反応を触媒する。*Pseudomonas* 属細菌などに存在し，酵素タンパク質1分子当り4分子のPLPが結合しており，活性に必須の役割を果たしている。本酵素も多機能酵素で，α, β-脱離反応，置換反応，セレノメチオニンおよびセレノールとの反応，ビニルグリシンとの反応，基質プロトン置換反応などを触媒する。*Pseudomonas* 属細菌由来の酵素には抗腫瘍活性が認められる。

2.5 異性化酵素

分子内の化学結合の位置または構造の再編反応を触媒する酵素で，**ラセマーゼ**（racemase），**エピメラーゼ**（epimerase），**イソメラーゼ**（isomerase）などが含まれる。代表的な酵素について以下説明する。

〔1〕 アミノ酸ラセマーゼ

ラセマーゼとはラセミ化を触媒する酵素群で，EC 5.1.1群に分類される。D体，L体にそれぞれ特有の酵素があるわけではなく，一つの酵素でおのおのが基質になり，生成物は両者の等量混合物のラセミ体である。表2.5に示すような細菌由来のさまざまなアミノ酸ラセマーゼやアミノ酸エピメラーゼについて研究が進んでおり，補酵素要求性の多様性が明らかになっている。

表 2.5 細菌由来アミノ酸ラセマーゼとエピメラーゼの諸性質

基質	酵素源	補酵素	性質と特徴
アラニン	*Streptococcus faecalis*	PLP	グルタチオン要求
	Bacillus subtilis	PLP, FAD	
	Staphylococcus aureus	PLP 要求せず	NH_2OH で阻害
	Pseudomonas putida	PLP	アラニンで誘導生成
	Escherichia coli	PLP 要求せず	NH_2OH で阻害
アルギニン	*Pseudomonas taetrolens*	PLP	広い基質特異性
アスパラギン酸	*Streptococcus faecalis*	PLP 要求せず	アラニンもラセミ化
グルタミン酸	*Lactobacillus fermenti*	FAD, PLP 要求せず	グルタミン酸のみを基質
ヒドロキシプロリン	*Pseudomonas putida* A	補酵素なし	
フェニルアラニン	*Bacillus brevis*	ATP 要求	NH_2OH で阻害されない
プロリン	*Clostridium sticklandii*	PLP 要求せず	SH 阻害剤で阻害

〔2〕 *N*-アシルグルコサミン 2-エピメラーゼ (N-acylglucosamine 2-epimerase)

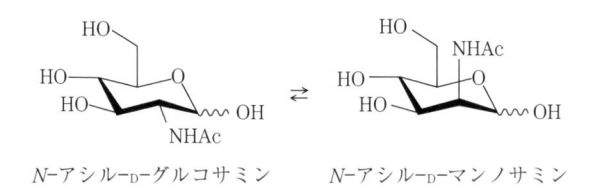

N-アシル-D-グルコサミン ⇌ *N*-アシル-D-マンノサミン

不斉炭素を二つ以上もつ基質の一つの不斉炭素の立体配置を変化させる異性化酵素をエピメラーゼと呼ぶ. 代表的な酵素として *N*-アシルグルコサミン 2-エピメラーゼがある. 微生物, 動物などさまざま生物に存在しており, ブタ腎臓由来の酵素は *N*-アセチルノイラミン酸の合成反応に利用されている.

〔3〕 シス-トランスイソメラーゼ

シス-トランス異性体の転換を触媒する酵素で, 炭素-炭素二重結合の移動なしに異性化を起こすグループと, 二重結合の移動が異性化に付随するものとがある. 前者の代表としてはマレイン酸イソメラーゼ, 後者にはリノレイン酸イソメラーゼがあり, それぞれ下式の反応を触媒する.

(a) マレイン酸シス-トランスイソメラーゼ (maleate isomerase)

$$\begin{array}{c} HOOC-CH \\ \parallel \\ HC-COOH \end{array} \rightleftarrows \begin{array}{c} HC-COOH \\ \parallel \\ HC-COOH \end{array}$$

(b) リノレイン酸イソメラーゼ (linoleate Δ^{12}-cis-Δ^{11}-trans-isomerase)

$$CH_3(CH_2)_4\text{—}CH_2\text{—}(CH_2)_7COOH$$
9-シス-12-シス-オクタデカジエン酸

$$\xrightarrow{D_2O} CH_3(CH_2)_4\text{—}CHD\text{—}(CH_2)_7COOH$$
9-シス-11-トランス-オクタデカジエン酸

〔4〕 分子内イソメラーゼ

(a) グルコースイソメラーゼ (D-glucose isomerase)

$$\text{D-グルコース} \rightleftarrows \text{D-フルクトース}$$

グルコースイソメラーゼは，工業的には D-グルコースから D-フルクトースの製造に利用される重要な酵素である。*Pseudomonas* 属，*Lactobacillus* 属などの細菌や放線菌に存在しており，*Streptomyces* 属由来の固定化酵素が用いられている。

(b) α-グルコシルトランスフェラーゼ (α-glucosyl transferase)　スクロースの α-1,2 結合と α-1,6 結合の異性化反応を触媒して，イソマルツロースを生成する。イソマルツロース（商品名：パラチノース）はスクロースと同程度の甘みがあるにもかかわらず，カロリーは 42％である。

2.6 リガーゼ

ATP などのヌクレオチド三リン酸のピロリン酸結合の加水分解を伴って二つ分子を結合させる反応を触媒する酵素で，C-O 結合，C-S 結合，C-N 結合，C-C 結合，C-P 結合などを形成する。酵素によっては**シンターゼ**（synthase）または**カルボキシラーゼ**（carboxylase）という名前も用いられる。1983 年までは，合成酵素（synthetase）と呼ばれていた。代表的なリガーゼとその反応を以下に示す。

〔1〕 **アシル CoA シンターゼ** (acyl-CoA synthase)

$$ATP + RCOOH + CoASH \rightleftarrows AMP + PPi + RCOSCoA$$

アシル CoA シンターゼは，脂肪酸の代謝において重要なプロセスである脂肪酸の活性化に関与しており，脂肪酸カルボキシル基の炭素と CoA の硫黄原

子の間でC-S結合を形成する。基質となる脂肪酸の炭素鎖の長さによって，アセチルCoAシンターゼ，ブチリルCoAシンターゼ（中鎖脂肪酸アシルCoAシンターゼ），アシルCoAシンターゼ（長鎖脂肪酸アシルCoAシンターゼ），極長鎖アシルCoAシンターゼの4種類に大別されている。いずれの酵素反応においてもつぎのようなアシルアデニレート中間体を経て反応が進行する。

$$\text{ATP} + \text{RCOOH} + \text{E} \rightleftarrows \text{E-RCO-AMP} + \text{PPi}$$
$$\text{E-RCO-AMP} + \text{CoASH} \rightleftarrows \text{RCOSCoA} + \text{AMP}$$

E：酵素

長鎖脂肪酸アシルCoAシンターゼは，ミクロソーム，ミトコンドリアおよびペルオキシソーム，酵母，細菌に存在している。本酵素は，血中の**遊離脂肪酸**を測定するのに利用されている。

〔2〕 **ペプチドシンターゼ**

グルタチオンシンターゼ（glutathione synthase）

$$\text{ATP} + \underset{\underset{\text{COOH}}{|}}{\text{CHCH}_2\text{CH}_2}\overset{\overset{\text{NH}_2}{|}}{\text{C}}\text{NHCHCOOH} + \underset{\underset{\text{COOH}}{|}}{\text{HCH}}\overset{\overset{\text{NH}_2}{|}}{} \rightleftarrows$$

γ-L-グルタミル-L-システイン　グリシン

$$\text{ADP} + \text{Pi} + \underset{\underset{\text{COOH}}{|}}{\text{CHCH}_2\text{CH}_2}\overset{\overset{\text{NH}_2}{|}}{\text{C}}\text{NHCHCNHCH}_2\text{COOH}$$

グルタチオン

システインのカルボキシル基の炭素とグリシンのアミノ基の窒素原子間でC-N結合を形成する反応を触媒する。動物の赤血球，肝臓，高等植物，酵母，細菌に存在する。

〔3〕 **核酸リガーゼ**

DNAまたはRNAのホスホジエステル結合を形成する反応を触媒する酵素で，DNAリガーゼは，**図2.11**に示す反応機構を有し，（1） 酵素-AMP複合体の形成，（2） AMP基の5′-リン酸基への転移，（3） ホスホジエステ

(1) $\begin{cases} E + NAD \rightleftarrows E\text{—}AMP + NMN \\ E + ATP \rightleftarrows E\text{—}AMP + PP_i \end{cases}$

(2) E—AMP + [図] $\rightleftarrows$ [図] + E

(3) [図] $\rightleftarrows$ [図] + H$^+$ + AMP

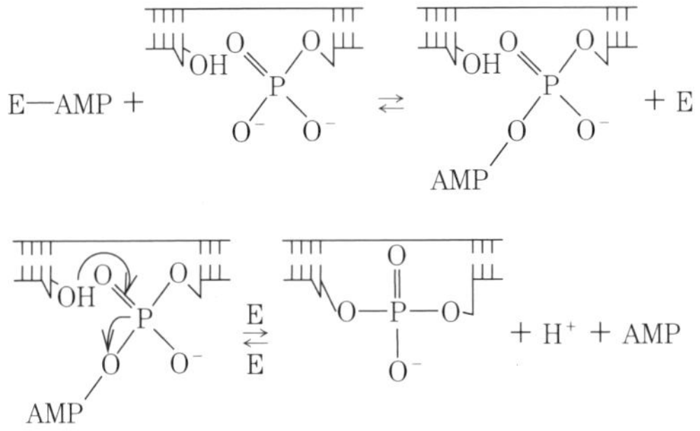

図2.11 DNA リガーゼの反応機構[1]

ル結合の形成，の順に進行する。AMPの供与体によってさらに2種類に分類される。生体内ではDNAの不連続複製において形成される岡崎フラグメントの結合や，損傷を受けたDNAの修復過程に関与しており，広く生物界に分布している。DNA，RNAいずれのリガーゼも，遺伝子組換え実験の試薬として利用されている。

(a) **DNAリガーゼ** (DNA ligase (AMP-forming))

ATP + (デオキシリボヌクレオチド)$_n$ + (デオキシリボヌクレオチド)$_m$ $\rightleftarrows$
　　　　　AMP + ピロリン酸 + (デオキシリボヌクレオチド)$_{n+m}$

AMP供与体としてATPを用い，T4ファージの産生するT4 DNAリガーゼがよく知られている。

(b) **DNAリガーゼ** (poly(deoxyribonucleotide)：poly(deoxyribonucleotide) ligase (AMP-forming, NMN-forming))

NAD$^+$ + (デオキシリボヌクレオチド)$_n$ + (デオキシリボヌクレオチド)$_m$ $\rightleftarrows$
　　　　　AMP + NMN + (デオキシリボヌクレオチド)$_{n+m}$

AMP供与体としてNAD$^+$を用い，大腸菌の産生するDNAリガーゼがよく知られている。

(c) **RNA リガーゼ**（RNA ligase（AMP-forming））

ATP ＋（リボヌクレオチド）$_n$ ＋（リボヌクレオチド）$_m$ ⇄

AMP ＋ ピロリン酸 ＋（リボヌクレオチド）$_{n+m}$

2.7 補　酵　素

補酵素は酵素タンパク質分子（**アポ酵素**）に結合して酵素活性の発現に不可欠な役割を果たす補欠分子族をいう。補酵素と結合した酵素タンパク質を**ホロ酵素**という。それらのほとんどはビタミンあるいはその誘導体である。酵素タンパク質に共有結合していて酵素から容易に解離しないものと，アポ酵素から容易に解離するものがある。以下に代表的な補酵素について概説する。

〔1〕 **ニコチンアミドヌクレオチド**

この補酵素には**ニコチンアミドアデニンジヌクレオチド**（**NAD$^+$**）と**ニコチンアミドアデニンジヌクレオチドリン酸**（**NADP$^+$**）の2種があり，一般に脱水素酵素の補酵素である（図 2.12）。酸化還元反応において，NAD$^+$，NADP$^+$はニコチンアミドのピリジン環にプロトン1個と電子2個を受け入れて，還元型（NADH，NADPH）になる。NAD$^+$，NADP$^+$ は 340 nm に吸収極大をもたないが，還元型の NADH，NADPH はいずれも 340 nm に吸収極大（ε = 6 220）を有している。したがって，酵素反応を 340 nm における吸光度の変化

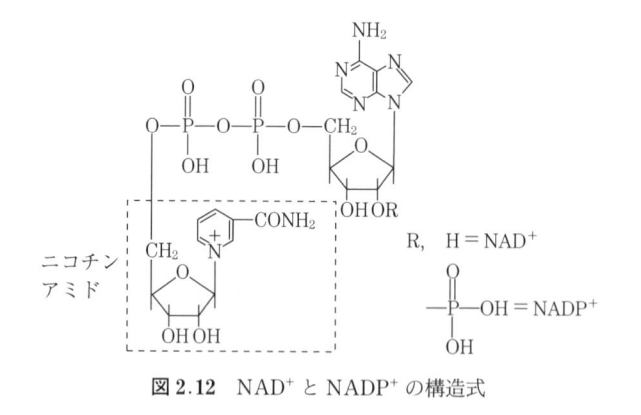

図 2.12　NAD$^+$ と NADP$^+$ の構造式

図 2.13　還元型ニコチンアミドの構造式

を測定して追跡することができる。

還元型補酵素にはそのニコチンアミドの4位の炭素に2個の水素（プロ-Sとプロ-R）があり，これまでに知られている酵素は2個の水素のうち一方のみを選択的に基質に転移して**図2.13**に示す還元型を生成する。

〔2〕 **フラビンヌクレオチド**

ビタミン B_2 であるリボフラビンにリン酸が結合した**フラビンモノヌクレオチド（FMN）**とアデノシン二リン酸が結合した**フラビンアデニンジヌクレオチド（FAD）**とがあり，オキシダーゼ，オキシゲナーゼ，デヒドロゲナーゼなどの酸化還元酵素の補酵素となっている。**図2.14**に示すイソアロキサジン環の N_1 および N_5 に水素原子が付加するとリボフラビン（酸化型）はロイコフラビン（還元型）になる。

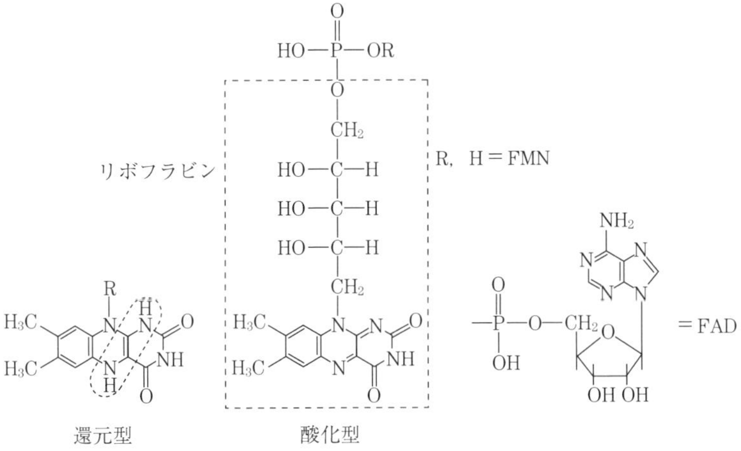

図2.14 フラビンヌクレオチドの構造式

FMN や FAD とアポ酵素の結合には，(1) 共有結合しているもの，(2) 強く結合しているが酸処理などによりアポ酵素から不可逆的に解離するもの，あるいは，(3) 可逆的に解離しやすいもの，がある。

〔3〕 **ピリドキサール 5′-リン酸（PLP）**

ビタミン B_6 の一種であるピリドキサールがリン酸化されたピリドキサール

5′-リン酸 (PLP) は酵素と結合して独特の補酵素作用を果たしている。図 2.15 に示したビタミン B_6 のリン酸エステルである**ピリドキサミン 5′-リン酸 (PMP)** も，トランスアミナーゼに対しては補酵素として作用している。

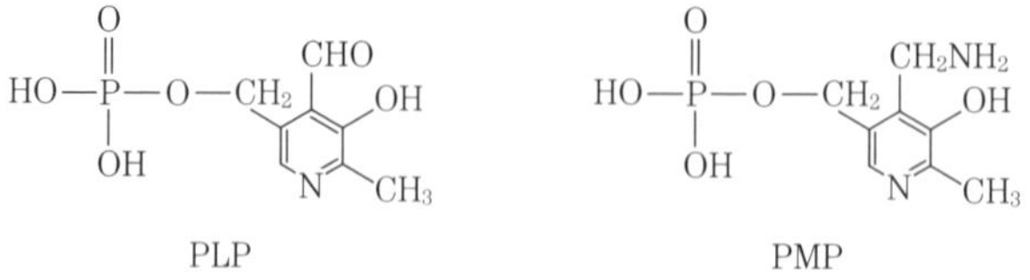

図 2.15　PLP と PMP の構造式

PLP 酵素に属する酵素として，トランスアミナーゼ，アミノ酸デカルボキシラーゼ，アミノ酸ラセマーゼ，アルドラーゼなどアミノ酸を基質とするものがほとんどである。PLP はアポ酵素のリシン残基の末端アミノ基とシッフ塩基を形成して結合しており，基質存在下では PLP は基質であるアミノ酸とシッフ塩基を形成したのち，シッフ塩基の結合切断の位置によってアミノ基転移，脱炭酸，ラセミ化などの種々の反応が起こる。一般に 420 nm 付近に吸収極大を示すものが多い。

〔4〕　**コエンザイム A** (CoA，CoASH)

CoA は図 2.16 に示すとおり**パントテン酸**を含むパンテテインヌクレオチドであり，アシル基の転移を行う酵素の補酵素である。

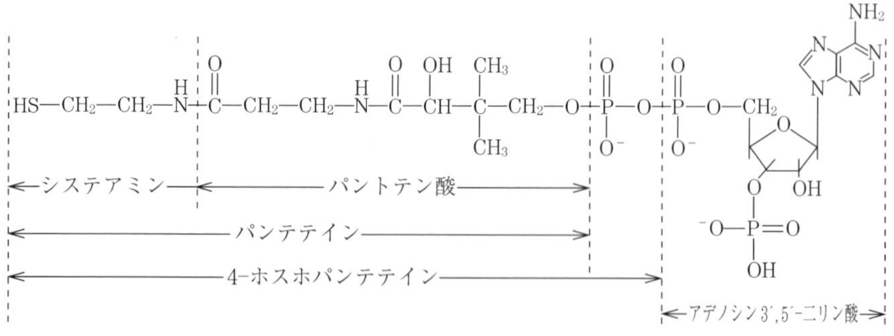

図 2.16

2.7 補酵素

〔5〕 リポ酸

リポ酸はビタミンB群に属し，ピルビン酸デヒドロゲナーゼ複合体の一つの構成成分であるリポ酸トランスアセチラーゼなどの補酵素である。リポ酸は図 2.17 に示すとおり，アポ酵素のリシン残基の末端アミノ基と酸アミド結合で結合している。

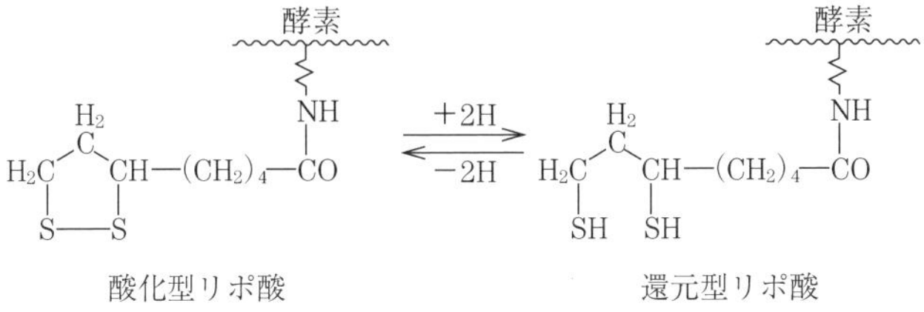

図 2.17　リポ酸の構造式

〔6〕 チアミンピロリン酸（TPP）

ビタミン B_1（チアミン）のピロリン酸誘導体で，(1) $α$-ケト酸の脱炭酸反応，(2) $α$-ケト酸の酸化，(3) トランスケトラーゼ反応を触媒する酵素の補酵素である（図 2.18）。

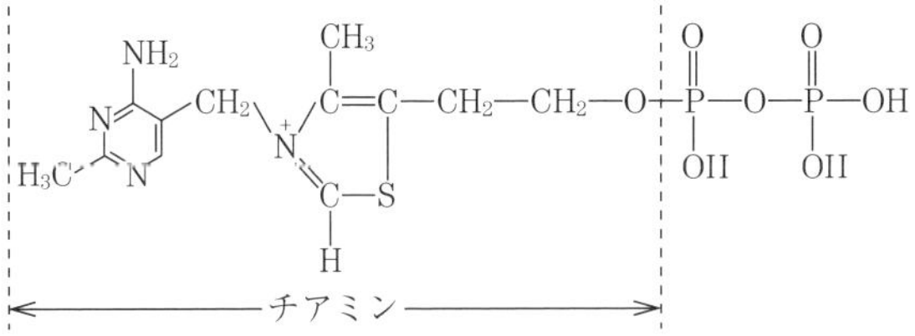

図 2.18　TPP の構造式

〔7〕 テトラヒドロ葉酸（THF）

THF は図 2.19 に示すように，ビタミン B 群の一種である葉酸のプテリジ

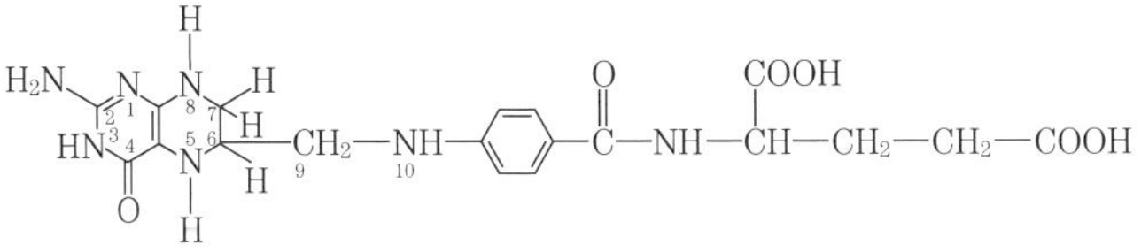

図 2.19　THF の構造式

ン環の5，6，7，8位に4個の水素が付加したもので，ホルミル，ヒドロキシメチル，アミノメチル，ホルムイミノ基などを5位または10位に結合して，受容体に転移させる。

〔8〕 **コエンザイム B_{12}**

図 2.20 に示すコエンザイム B_{12} は，ビタミン B_{12} であるシアノコバラミンにアデノシンが結合したもので，プロパンジオールデヒドラターゼ，メチルアスパラギン酸ムターゼ，メチルマロニル CoA ムターゼなどの補酵素である。

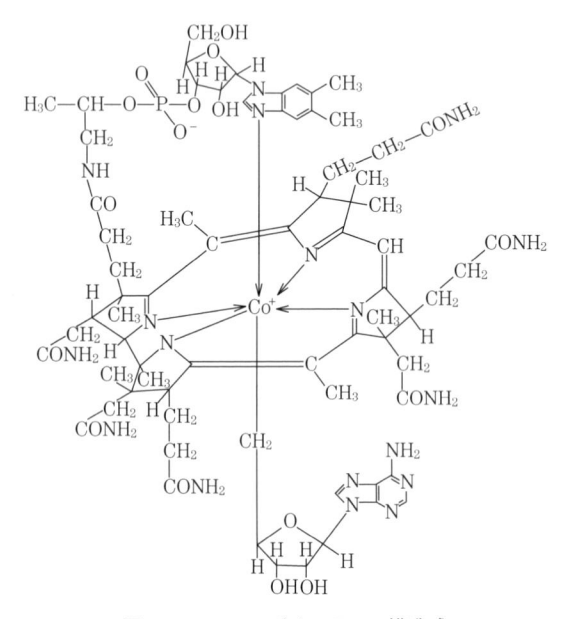

図 2.20 コエンザイム B_{12} の構造式

〔9〕 **ビオチン**（biotin）

ビオチンはビタミン B 群の一種であり，酵素タンパク質のリシン残基の末端アミノ基と結合している。カルボキシル化やカルボキシル基の転移を行う酵素の補酵素で，ビオチンが実際の CO_2 の運搬体で図 2.21 に示す中間体を経由する。

〔10〕 **グルタチオン**

グルタチオンは還元型（GSH）と酸化型（GSSG）の間で水素の授受を行い，グリオキサラーゼ，ホルムアルデヒドデヒドロゲナーゼなどの補酵素である。

図2.21　ビオチンによるカルボキシル基転移反応式

〔11〕 **ユビキノン**（ubiquinone）

コエンザイムQ（CoQ） ともいい，図2.22に示すイソプレン単位が $n=1〜12$ のものが天然に存在し，パン酵母では $n=6$，大腸菌では $n=8$，高等動物では $n=10$ が用いられている。呼吸鎖や光合成の電子伝達系の成分として生体膜内での酸化還元タンパク質間の電子伝達を媒介する役割を担っている。

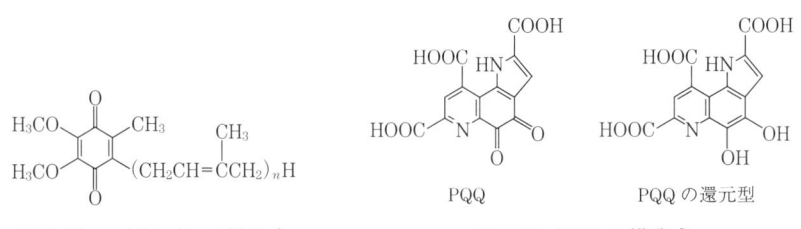

図2.22　ユビキノンの構造式　　　図2.23　PQQの構造式

〔12〕 **ピロロキノリンキノン**（pyrrolo-quinoline quinone，**PQQ**）

図2.23に示すPQQは，メタンおよびメタノール資化性菌，酢酸菌などのメタノールデヒドロゲナーゼ，*Pseudomonas* のグルコースデヒドロゲナーゼなどの補酵素として，比較的最近見出された化合物である。

引用・参考文献

1) 今堀和友・山川民雄 監修：生化学辞典 第4版，東京化学同人 (2007)
2) Aehle, W.：Enzymes in Industry 3rd Edition, p.41, Wiley-VCH Verlag GmbH & Co. (2007)
3) 上島孝之：酵素テクノロジー，幸書房 (1999)
4) 辻阪好夫 他編：応用酵素学，講談社サイエンティフィク (1979)
5) 日本化学会 編：続生化学実験講座 遺伝子研究法II —組換えDNA技術—，東京化学同人 (1986)

3 酵素の応用

　産業用酵素としては，加水分解酵素（EC 3群）が約70％を占め，酸化還元酵素（EC 1群）が約20％と続き，次いでリアーゼ（EC 4群），転移酵素（EC 2群），異性化酵素（EC 5群）の順に少なくなっている。リガーゼ（EC 6群）は産業用目的としてはほとんど利用されていない。しかし，この割合は固定されたものではなく，酵素の新たな応用技術が開発されることにより，新規な触媒機能へのニーズが生まれることは明らかである。本章では，酵素の応用例について，利用分野ごとに紹介する。

3.1　食品加工での利用

　食品加工の分野ではきわめて多種多様な酵素が利用されており，産業用酵素の約30％を占めている。食品工業における酵素利用の特徴は，利用の形態が，高温，高圧，高塩濃度，酸性，アルカリ性，油中，粉末状と多岐にわたり，希薄溶液での酵素反応では推し量れない点である。食品加工に利用される代表的な酵素とそれらの用途を**表3.1**にまとめた。

3.1.1　デンプン加工

　糖は炭水化物の構成成分であり，**図3.1（a）**のように分類できる。食品加工に利用される酵素のうち約25％が**デンプン加工**用である。酵素の応用は，伝統的な醸造工業の延長線上で発展してきたので，当然ではある。醸造製品の中では酒類に見られるように，まず初めにデンプンの分解を必要とするものが主流

3.1 食品加工での利用

表3.1 食品・飼料加工に利用される代表的な酵素と用途

EC番号	酵素名	用途
酸化還元酵素		
1.1.3.4	グルコースオキシダーゼ	製パン，醸造，乳製品の加工
1.1.3.5	ヘキソースオキシダーゼ	製パン
1.11.1.6	カタラーゼ	醸造，乳製品の加工
1.11.1.7	ペルオキシダーゼ	製パン，乳製品の加工
1.13.11.12	リポキシゲナーゼ	製パン
転移酵素		
2.3.2.13	トランスグルタミナーゼ	乳製品の加工
2.4.1.5	デキストランスクラーゼ	醸造
2.4.1.19	シクロデキストリングリコシルトランスフェラーゼ（CGTase）	甘味料
加水分解素		
3.1.1.3	リパーゼ	製パン，乳製品の加工
3.1.1.11	ペクチンメチルエステラーゼ	果汁加工
3.1.1.26	ガラクトリパーゼ	製パン
3.1.3.8, 26	フィターゼ	醸造，飼料
3.2.1.1	α-アミラーゼ	製パン，果汁加工，醸造
3.2.1.2	β-アミラーゼ	醸造
3.2.1.3	グルコアミラーゼ	果汁，醸造
3.2.1.4	セルラーゼ	醸造
3.2.1.6	エンド-1,3-β-グルカナーゼ	飼料
3.2.1.8	キシラナーゼ	製パン，飼料
3.2.1.55	アラビノシダーゼ	果汁加工
3.2.1.60	グルカン-1,4-マルトテトラオヒドロラーゼ	製パン
3.4.21.62	サブチリシン	飼料
3.4.21.63	オリジン	飼料
3.4.22	システインエンドペプチダーゼ	醸造
3.4.23.4	キモシン	乳製品の加工
3.4.23.18	アスペルギロペプシン	飼料
3.4.23.22	エンドチアペプシン	乳製品の加工
3.4.23.23	ムコールペプシン	乳製品の加工
3.4.24.27	サーモライシン	甘味料
3.4.24.28	バチロリシン	飼料
リアーゼ		
4.1.1.5	α-アセトール酢酸デカルボキシラーゼ	醸造
4.2.2.10	ペクチンリアーゼ	果汁
異性化酵素		
5.3.1.5	グルコースイソメラーゼ（キシロースイソメラーゼ）	異性化糖
5.3.4.1	プロテインジスルフィドイソメラーゼ	その他

3. 酵素の応用

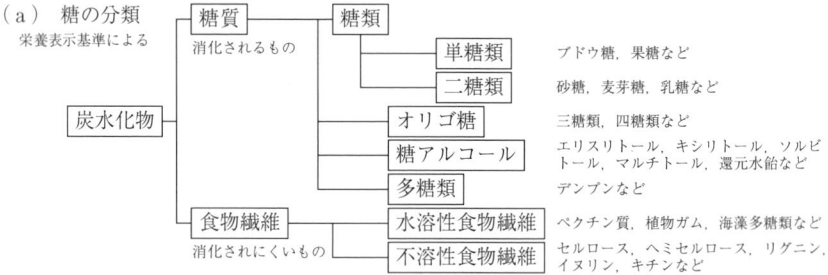

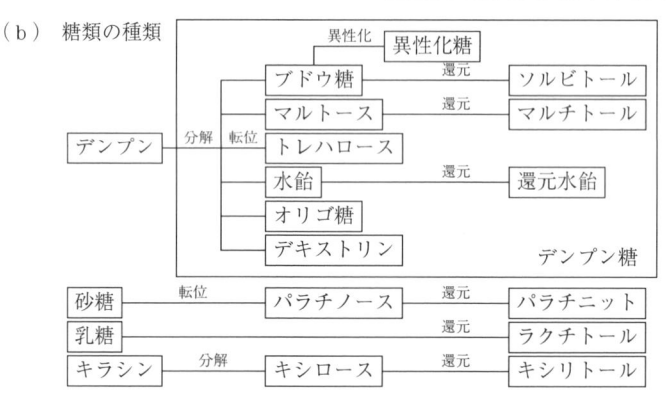

(a) 糖の分類　栄養表示基準による

- 炭水化物
  - 糖質（消化されるもの）
    - 糖類
      - 単糖類：ブドウ糖，果糖など
      - 二糖類：砂糖，麦芽糖，乳糖など
    - オリゴ糖：三糖類，四糖類など
    - 糖アルコール：エリスリトール，キシリトール，ソルビトール，マルチトール，還元水飴など
    - 多糖類：デンプンなど
  - 食物繊維（消化されにくいもの）
    - 水溶性食物繊維：ペクチン質，植物ガム，海藻多糖類など
    - 不溶性食物繊維：セルロース，ヘミセルロース，リグニン，イヌリン，キチンなど

(b) 糖類の種類

デンプン —分解，転位→
- ブドウ糖 —異性化→ 異性化糖／—還元→ ソルビトール
- マルトース —還元→ マルチトール
- トレハロース
- 水飴 —還元→ 還元水飴
- オリゴ糖
- デキストリン
（デンプン糖）

- 砂糖 —転位→ パラチノース —還元→ パラチニット
- 乳糖 —還元→ ラクチトール
- キラシン —分解→ キシロース —還元→ キシリトール

図 3.1　糖の分類と種類

を占め，それに必要なアミラーゼの研究が活発に行われ，その結果としてアミラーゼの応用，すなわちデンプン加工が圧倒的な地位を占めることとなった。

デンプンを酵素あるいは酸で分解し，さらに酵素反応を行うと，図 3.1 (b) に示すような多様なデンプン糖と呼ばれる生成物が得られる。これらは一様に水に溶け，程度の差こそあれ甘味をもつ。

デンプンの加水分解の度合いは世界共通の指標として DE で表示される。

DE とは Dextrose Equivalent の略称で，次式で表示される。

$$\mathrm{DE} = (グルコース／全固形分) \times 100$$

〔1〕 水飴の製造

酵素の作用によって製造される**水飴**には，麦芽水飴とハイマルトースシロップがある。麦芽水飴は，麦芽の α-アミラーゼの作用でデンプンを液化するとともに，β-アミラーゼの作用で糖化してできる。マルトースの含有用が多く，

適度な甘みを示すため，現在でも一定の需要がある。液化酵素で製造された水飴製品は，DE 10 前後の低い値を示す。

　製造法の概略を述べる。まずデンプンを 30〜40 %（w/w）になるように水に懸濁したデンプン乳に，α-アミラーゼを加えて 80〜90℃に加熱する。この加温によりデンプンのミセルが破壊され糊化する。糊化と同時に α-アミラーゼが作用し，急速に粘度が下がるとともに，還元糖が生成する。この方法は上質のジャガイモデンプンやサツマイモデンプンからの製造には適するが，品質の低いイモ類のデンプンやトウモロコシなどの穀類デンプンは，90℃前後の加熱では一部が未糊化のまま残り，これが液化されず難溶性デンプンとして残り，製品が白濁し不透明となる。液化，糖化，糊化については枠内トピックスを参照のこと。

　そこで，難溶性デンプンを分解して透明な製品をつくるためには，デンプンを初めから 100℃の高温で処理すれば完全な液化が起こり，トラブルは解消できる。このために，100℃以上の高温でも失活しない α-アミラーゼの開発が進められ，*Bacillus licheniformis* 由来の耐熱性 α-アミラーゼが開発された。本酵素は，デンプン液化工程のジェットクッカーを用いた 100〜105℃の条件下でも使用することができる。

　酵素の安定性と活性発現には Ca^{2+} が必要である。ほとんどのアミラーゼ剤にはカルシウム塩が添加されており，使用時に必要な塩濃度が保たれるようにされている。

〔2〕 **ハイマルトースシロップ**

　液化酵素によるデンプン液化液に β-アミラーゼを加えて糖化したマルトー

液化・糖化・糊化

　液化とは，高分子のデンプンが α-アミラーゼの作用で多糖ないしオリゴ糖に分解されること。**糖化**とは，液化したデンプンがグルコアミラーゼの作用でグルコース（ブドウ糖）になること。**糊化**とは，デンプンを水中に懸濁して加熱すると，デンプン粒が吸水して次第に膨張する。加熱を続けるとデンプン粒が崩壊して，最終的にゲル状になること。

ス含量が高くグルコース含量の低い水飴を，**ハイマルトースシロップ**という。この水飴を用いて製造されたキャンディーは従来のものに比べて着色が少なく，吸湿性が低いという特徴がある。α-アミラーゼとしては，小麦または麹菌由来の酵素が用いられている。

〔3〕 **グルコース（ブドウ糖）**

酵素法によるグルコースの製造はデンプンの液化工程と糖化工程から成り立っている。液化工程は，水飴の製造と同様に，デンプンを α-アミラーゼによって DE 5 前後まで分解するが，水飴よりも高い濃度（50 %（w/w））のデンプン乳が使われる。これは，糖化の後でグルコースの結晶を析出させるために糖化液を濃縮しなければならないので，濃縮に要するエネルギーを節約するためである。

糖化は，グルコアミラーゼを用いて行われる。グルコアミラーゼとしては，*Aspergillus niger* または *Rhizopus* などのかびが菌体外に分泌する酵素が用いられている。工業的なグルコースの製造において使用される酵素剤は経済的な理由から粗製品である。したがって，供給微生物の培養によって生産されるすべての酵素が含まれていると考えなければならない。そのため，例えば α-アミラーゼによる液化デンプン液に α-グルコシダーゼを含んだ糖化液酵素剤を作用させれば，液化液に含まれるマルトオリゴ糖がグルコアミラーゼによって分解できない糖に変化して，完全分解が果たせなくなる。培養条件の検討や変異処理，酵素液の部分精製などの工夫により，α-グルコシダーゼ含量の少ない糖化酵素剤が開発されている。

〔4〕 **異性化糖**（グルコースとフルクトースの混合糖液）

グルコースは甘みがスクロース（ショ糖）の 60 % 程度しかないのが欠点であった。酵素法によりグルコースが大量に製造されるようになったのを受けて，グルコースイソメラーゼを用いてフルクトースに変換する研究が行われた。強力なグルコースイソメラーゼ生産菌として *Streptomyces* が見出され，包括固定化菌体によるバッチ法に続き，陰イオン交換体に結合した固定化酵素を用いた連続法による工業的製造法が確立された。異性化糖は清涼飲料水や加

工食品に利用されている。

　イソメラーゼは理論的にはグルコースが50％フルクトースに異性化したところで平衡に達するが，平衡点に達するには長時間を必要とし，かつ生成したフルクトースが熱分解して着色物質を生成しやすいため，通常はグルコースの45％が異性化したところで反応を止める。酵素法によるグルコースと異性化糖の製造スキームを図3.2にまとめた。

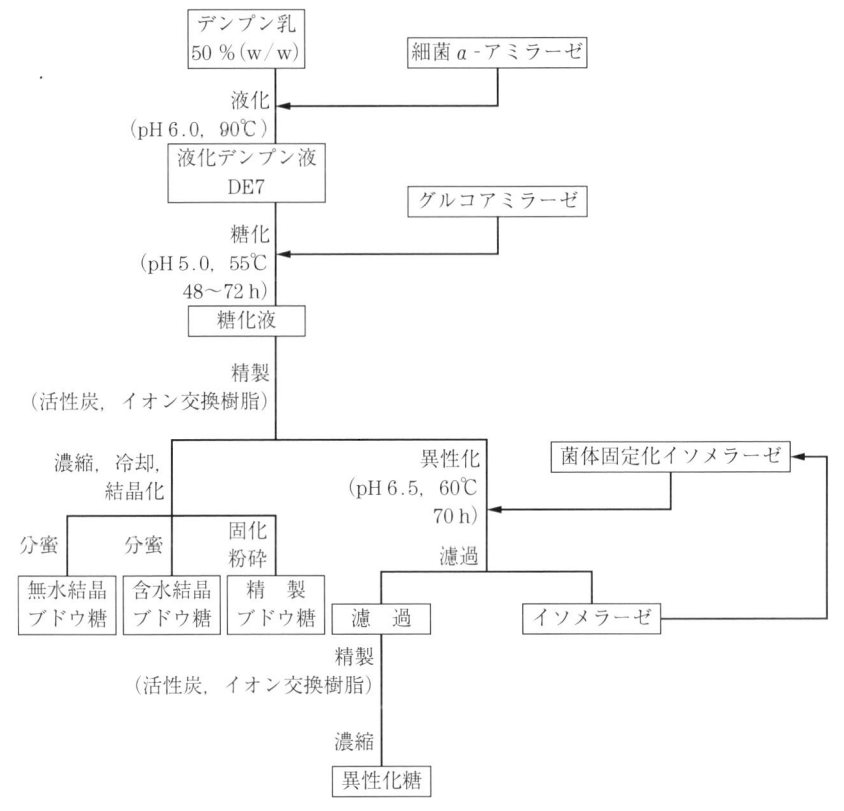

```
              デンプン乳
              50 %(w/w)          細菌 α-アミラーゼ
                   │                    │
                  液化 ←─────────────────┘
               (pH 6.0, 90℃)
                   │
              液化デンプン液
                  DE7               グルコアミラーゼ
                   │                    │
                  糖化 ←─────────────────┘
               (pH 5.0, 55℃)
                  48～72 h)
                   │
                 糖化液
                   │
                  精製
            (活性炭, イオン交換樹脂)
          ┌────────┴────────┐
      濃縮, 冷却,          異性化              菌体固定化イソメラーゼ
        結晶化          (pH 6.5, 60℃) ←──────────────┘
    ┌────┬────┐           70 h)
   分蜜  分蜜  固化          │
              粉砕         濾過 ──────→ イソメラーゼ
  無水結晶 含水結晶 精製       │
  ブドウ糖 ブドウ糖 ブドウ糖   濾過
                              │
                             精製
                     (活性炭, イオン交換樹脂)
                              │
                             濃縮
                              │
                           異性化糖
```

　図3.2　酵素法によるグルコースと異性化糖の製造スキーム（辻阪好夫 他編：応用酵素学，講談社サイエンティフィク（1979）より転載）

〔5〕　オ リ ゴ 糖

　オリゴ糖とは，糖が2個以上10個以下結合したものを総称している。オリゴ糖の種類を表3.2にまとめた。オリゴ糖製造の原料としては，デンプンの

表 3.2 オリゴ糖の種類と性質[11]

種類	原料	酵素	性質
マルトオリゴ糖	デンプン	アミラーゼ	マイルドな甘味 (G_2, G_3), 甘味調整 (G_2〜G_4), 保湿性 (G_3), 粉末化基材 (G_2, G_4), 氷点調節 (G_3, G_4), デンプン老化防止 (G_3), アミラーゼ活性測定基質 (G_4〜G_7)
シクロデキストリン	デンプン	転移酵素[*1]	不安定物質の安定化, 揮発性物資の保持, 異臭・苦味の除去, 不溶性物質の可溶化, 起泡性の増加
イソマルトース（分岐オリゴ糖）	グルコース	転移酵素[*2]	保湿性, デンプン老化防止, ビフィズス菌増殖, 非発酵性, 難吸収性, 制菌性, 低甘味性, 防腐性
フラクトオリゴ糖	スクロース	転移酵素[*3]	難消化性, ビフィズス菌増殖
パラチノース	スクロース	転移酵素[*4]	低齲蝕性, 抗齲蝕性, 賦形性
ガラクトオリゴ糖	乳糖	転移酵素[*5]	ビフィズス菌増殖, 低甘味, 保湿性

〔注〕 G_2, G_3, …, G_7 は，グリコースが 2, 3, …, 7 個結合したマルトオリゴ糖を示す。
[*1] シクロデキストリングリコシルトランスフェラーゼ（CGTase） [*2] α-グルコシダーゼ [*3] フラクトシルトランスフェラーゼ [*4] グルコシルトランスフェラーゼ [*5] ガラクトシルトランスフェラーゼ

他，スクロース，ラクトース，キシラン，セルロース，寒天などが使用されている。デンプン以外の糖の加工については，次項に述べる。

（a） **マルトース** マルトースの製法は，α-アミラーゼによる液化，イソアミラーゼによるアミロペクチンの枝切りおよび β-アミラーゼによる糖化の 3 種類のアミラーゼによる反応に分かれる。液化液は加熱処理によって α-アミラーゼを失活させたのち，細菌由来のイソアミラーゼとプルラナーゼを併用して枝切り反応を行う。糖化に用いる β-アミラーゼはダイズ，小麦ふすま，大麦など α-アミラーゼ含量の少ない植物由来の酵素を用いる。結晶マルトースは注射薬として用いられており，マルトースの還元末端を還元したマルチトールも注射薬や甘味料として用いられている。

（b） **カプリングシュガー** カプリングシュガーとは，マルトオリゴ糖の末端にフルクトースをもったオリゴ糖である。シクロデキストリングリコシルトランスフェラーゼ（CGTase）のカプリング反応を利用して製造する。CGTase はデンプンの他に適当な糖の受容体が存在すると，分子間転移反応によってシクロデキストリンを開裂してその分解物を受容体の 4 位の OH に転移させ 1,4 結合を生成する作用をもつ。デンプンとスクロースの混合液に

Bacillus megaterium 由来の CGTase を作用させることによって,カプリングシュガーが製造されている。還元糖が少ないので,アミノ酸やタンパク質と蒸煮してもメイラード反応による着色が少ないので,着色を好まない食品の甘味料として適する。また,この糖からは口内細菌の *Streptococcus mutans* によって生成され虫歯の原因となる adhessive dextran を生成する量が少ないので,虫歯予防の見地からも注目されている。

(c) シクロデキストリン　　グルコースが α-1,4 結合で 6〜8 個結合した環状のマルトオリゴ糖をシクロデキストリン(CD)と呼ぶ。**表 3.3** に示すとおり,シクロデキストリンには,6〜10 Å(0.6〜1.0 nm)の疎水性の空げきがあり,この穴に油性物質を取り込み,包接化合物を形成する。この性質を利用して,**表 3.4** に示すような用途がある。*Bacillus macerans* 由来の CGTase を用いて製造されている。

表 3.3　シクロデキストリンの種類と構造[11]

種類	グルコース数	構造	空げきの直径〔Å〕	溶解度〔g/100 ml〕
α-CD	6		6	14.5
β-CD	7		8	1.5
γ-CD	8		10	23.2
マルトシル α-CD	8		6	55
マルトシル β-CD	9		8	200 以上

〔注〕　○:グルコース,—:α-1,4-グルコシド結合。

(d) トレハロース　　トレハロースは,二つのグルコースが α-1,1 結合した構造の非還元性二糖である。トレハロースは自然界に広く存在し,医薬品や化粧品に利用されてきた。以前は,酵母から抽出されていたが,デンプンに

表3.4 シクロデキストリンの性質と用途[11]

性　質	用　途
不安定物質の安定化	光，熱，空気酸化を受けやすい脂肪酸，ビタミン，ロイヤルゼリー，医薬，農薬などの安定化
揮発性物質の保護	ワサビ，ユズ，ショウガなどの香り，香辛料，メントールなどの保持
異臭，苦味のマスキング	魚肉，獣肉，豆乳，古米などの不快臭の除去 柑橘類の苦味除去，漢方薬，薬用酒の苦味除去
難溶性物質の可溶化	配糖体の可溶化，柑橘類，タケノコ缶詰の濁り防止
潮解性，粘着性物質の粉体化	果汁，大豆レシチン，ハチミツ，脂溶性ビタミンなどの粉体化
結晶生成防止	ハチミツなど
起泡性の増加	卵白，乳アルブミン

3種類の酵素を作用させて製造する酵素法が確立された。

まず，デンプンを枝切り酵素によってマルトオリゴ糖に分解する。つぎに，マルトオリゴ糖の還元末端側に存在するグリコシル基を，マルトオリゴシルトレハロースシンターゼ（MTSase）によってα-1,4結合からα-1,1結合へ分子内転移させて，マルトオリゴシルトレハロースを生成する。さらに，マルトオリゴシルトレハローストレハロヒドロラーゼ（MTHase）によって末端のトレハロースを遊離する。*Arthrobacter* 由来のMTSaseとMTHaseを用いて工業的に生産されている（図3.3）。

近年，トレハロースには骨強化作用や脂質の変敗抑制作用，デンプンの老化防止作用など，食品用途に適した性質が報告されている。

3.1.2　デンプン以外の糖の加工

デンプン以外の糖からも，図3.1Bに示すようなさまざまなオリゴ糖の開発が進められている。パラチニット，キシリトール，ラクチトールなどがある。パラチニットは，スクロースにα-グルコシルトランスフェラーゼを作用させた二糖であるイソマルツロース（isomaltulose）（登録商標パラチノース，palatinose）を還元した糖アルコールで，天然ではハチミツやサトウキビに含まれ，素朴な甘さをもつ。日本では1985年より甘味料として用いられている。キシリトール（xylitol）も糖アルコールの一つで，スクロースよりもカロリ

3.1 食品加工での利用

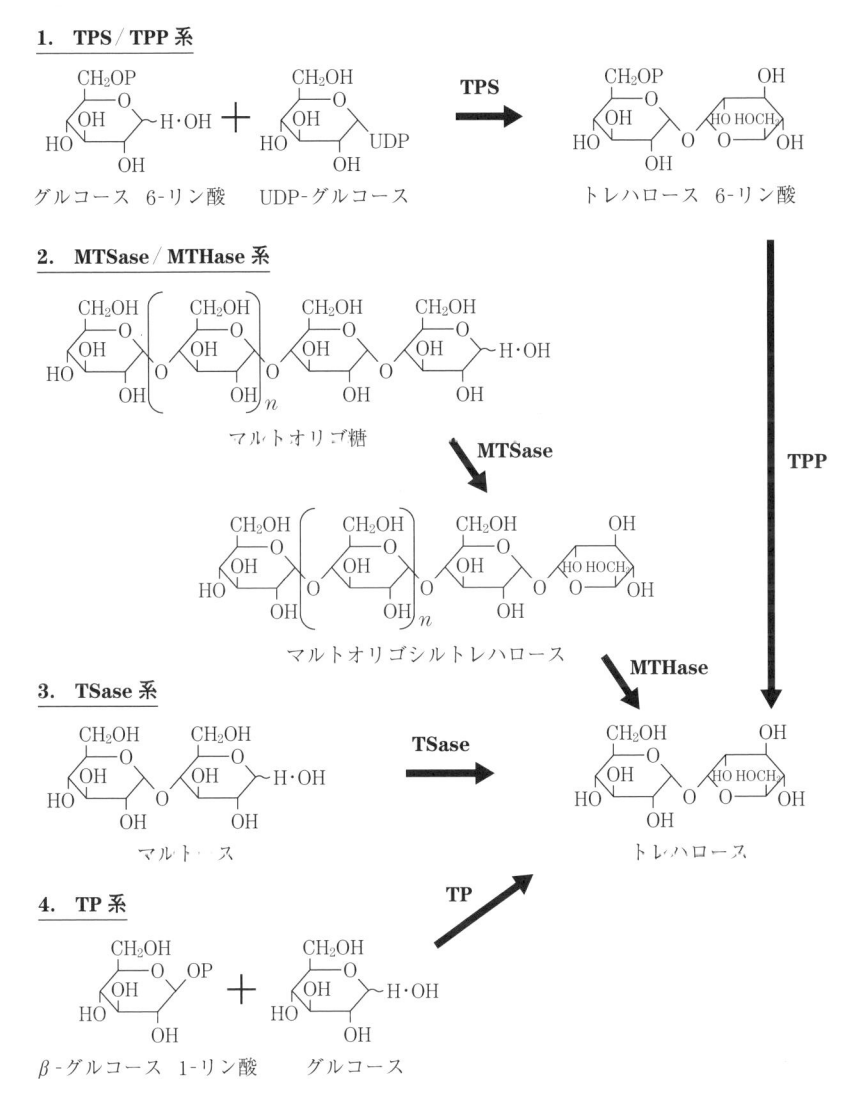

1. TPS/TPP系

グルコース 6-リン酸 + UDP-グルコース →(TPS) トレハロース 6-リン酸

2. MTSase/MTHase系

マルトオリゴ糖 →(MTSase) マルトオリゴシルトレハロース →(MTHase) トレハロース

3. TSase系

マルトース →(TSase) トレハロース

4. TP系

β-グルコース 1-リン酸 + グルコース →(TP) トレハロース

(TPP はトレハロース 6-リン酸 → トレハロース)

TPS：トレハロース 6-リン酸シンターゼ，TPP：トレハロースホスファターゼ，MTSase：マルトオリゴシルトレハロースシンターゼ，MTHase：マルトオリゴシルトレハローストレハロハイドロラーゼ，TSase：トレハロースシンターゼ，TP：トレハロースホスホリラーゼ

図 3.3 四つのトレハロース生成経路[13]

ーが低く，スクロースに匹敵する甘みを呈する。抗齲蝕(うしょく)性を有しており，虫歯予防甘味料としてガムなどに利用されている。カバノキから発見され，天然にも存在する添加物に分類されている。白樺やトウモロコシの芯に含まれるキシランを酸またはキシラナーゼで分解して得られるキシロースを還元して製造されている。

3.1.3 タンパク質加工

〔1〕 **チーズの製造**

チーズはウシやヤギなどの動物の乳汁(にゅうじゅう)（主として牛乳）を原料とし，これに乳酸菌およびレンネットを添加して乳成分を凝固させたもの，またさらに加塩，圧縮して発酵熟成させた食品で，その製造工程は**図3.4**のようになる。

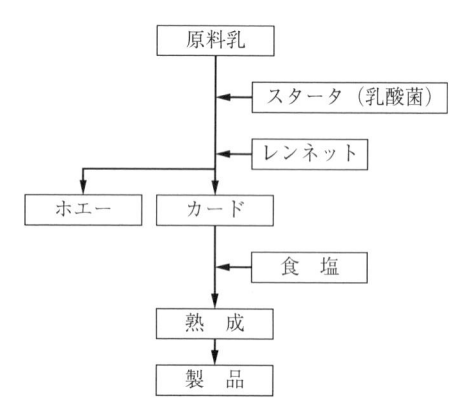

```
原料乳
  ↓ ← スタータ（乳酸菌）
  ↓ ← レンネット
ホエー  カード
         ↓ ← 食塩
        熟成
         ↓
        製品
```

図3.4 チーズの製造工程（辻阪好夫他編：応用酵素学，講談社サイエンティフィク（1979）より転載）

レンネットは，生後3〜5週の仔ウシの第4胃の塩漬乾燥物から食塩水で抽出した抽出物で，その中に**キモシン**を含んでいる。牛乳にレンネットを加えるとキモシンの作用によってカゼイン（casein）が凝固する。牛乳中のタンパク質の約80％を占めるカゼインは，通常カゼインミセルと呼ばれるコロイド粒子となって分散している。カゼインの中でκ-カゼインはカゼインミセルを安定に保つ作用をもっているが，キモシンはこのκ-カゼインに作用してグリコペプチドを遊離する。その結果，カゼインミセルは凝集してゲル化する（**図3.5**）。

チーズの消費量の増加に対してレンネットの生産量の増加が困難であるため，

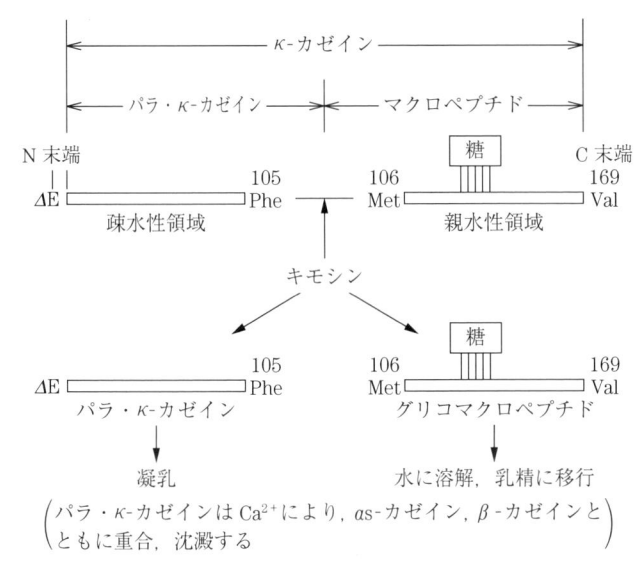

```
         ┌──────────── κ-カゼイン ────────────┐
         ┌──── パラ・κ-カゼイン ────┬──── マクロペプチド ────┐
                                                    糖
    N末端                         105  106              169  C末端
    ΔE├─────────────────────┤Phe  Met├──┬──┬──┤Val
         疎水性領域                      親水性領域
                              │
                           キモシン
                        ↙         ↘
                                                    糖
                              105  106              169
    ΔE├─────────────────────┤Phe  Met├──┬──┬──┤Val
         パラ・κ-カゼイン                グリコマクロペプチド
              ↓                              ↓
             凝乳                     水に溶解,乳精に移行
```

(パラ・κ-カゼインは Ca^{2+} により, αs-カゼイン, β-カゼインとともに重合,沈澱する)

〔注〕 ΔE:ピログルタミン酸(N末端で分子内環化)

図3.5 キモシンによる牛乳凝固機構[8]

レンネットの代用酵素の開発が行われた結果, *Rhizomucor miehei*, *R. pusillus*, *Cryphonectria parasitica* などのかびから酵素が見出された。現在, これらの微生物から工業的に生産される酵素が, ウシのレンネット需要の大部分をカバーしている。さらに, 仔ウシのキモシンBをコードする遺伝子を保持する麹菌や酵母(*Kluyveromyces lactis*)などの組換え体微生物から製造された酵素も利用されている。表3.5に代表的な凝乳酵素の生化学的諸性質をまとめた。

レンネットの代用酵素として必要な条件は, カードの収率がレンネットと同じであること, タンパク質分解作用が凝乳作用に比べて弱いこと, 生成したカードがレンネットによって生じたカードと物理的に同様な性質であること, ホ

表3.5 凝乳酵素の生化学的諸性質

酵 素	由 来	EC番号	分子量〔kDa〕	等電点	糖鎖	凝乳最適温度〔℃〕
キモシン	ウシ	3.4.23.4	35.7	4.98	無	40〜44
ムコールペプシン	*R. miehei*	3.4.23.23	38	4.58	有	58〜62
ムコールペプシン	*R. pusillus*	3.4.23.23	30〜39	4.41	有	42〜45
エンドチアペプシン	*C. parasitica*	3.4.23.22	33.8	4.89	無	42

エーの脂肪の流出が少ないこと，タンパク質の分解によって生じるある種のペプチドによる苦みを生ぜず，チーズが美味であることなどである。

〔2〕 食肉加工 獣肉，魚肉

肉質の固い畜肉あるいは冷凍肉の肉質改善のために，プロテアーゼを主体とする食肉軟化剤が利用されている。動脈や腱(けん)などに多く含まれるエラスチン(elastin)はパパインなど，また結合組織を構成する主要成分であるコラーゲンはパパイン，ブロメラインなど，主として植物由来の酵素を用いて分解される。酵素による食肉の処理方法には，浸漬(しんし)，血管注射，超音波浸透，組織注入，ふりかけなどの方法がある。

プロテアーゼ以外のタンパク質加工用酵素として，タンパク質を架橋重合するトランスグルタミナーゼが注目を浴びている。トランスグルタミナーゼは前章で述べたように3種類の反応を触媒するが，食品加工としては，架橋重合反応が利用されており，タンパク質ネットワークの分子構造が強化，またはゲル化に用いられている。反応に Ca^{2+} を要求しないトランスグルタミナーゼが放線菌 *Streptoverticillium mobaraense* から見出されたことで，酵素の応用研究が進展し，ゲル化，接着，新規なゲル構造の創製に利用可能であることが判明し，これらの性質を利用して，蒲鉾(かまぼこ)，ハム・ソーセージ，麺類，豆腐，パンなどさまざまな用途が開発された（表3.6）。

表3.6 トランスグルタミナーゼの食品加工への応用[13]

分野	食品	機能
水産加工品	蒲鉾	しなやかさ付与
	カニ蒲鉾	坐(すわ)り促進
	フィッシュボール など	物性改良添加剤の代替
畜肉製品	ハム	食感改良
	ソーセージ	結着性・保水性向上
	成型肉 など	製品の定型化・接着
麺類	中華麺	ゆで延び防止
	パスタ	酸/レトルト耐性
	うどん・そば など	冷凍耐性
乳製品	ヨーグルト	離水防止
	チーズ	収率向上
	アイスクリーム など	粘性付与・食感改良
その他	パンなど小麦粉製品	生地改良
	豆腐などダイズ製品	食感改良・レトルト耐性

〔3〕 調味料の製造

図3.6と図3.7に示す味噌と醬油の製造工程において，麴の補助として細菌およびかびの中性プロテアーゼが使用されている。味噌，醬油の原料となるダイズには約40％のタンパク質が含まれている。ダイズから水で抽出される水溶性タンパク質の90％はグロブリン（グリシニンとも呼ばれる）である。ダイズグロブリンはβ-構造と，不規則しかも強固に折り畳まれたランダムコイルを主体とする二次構造をもっており，さらに密な三次構造をとっている。さらに，グロブリン分子全体には，分子内部に疎水性アミノ酸残基側鎖の集合し

図3.6 味噌の製造工程（辻阪好夫 他編：応用酵素学，講談社サイエンティフィク（1979）より転載）

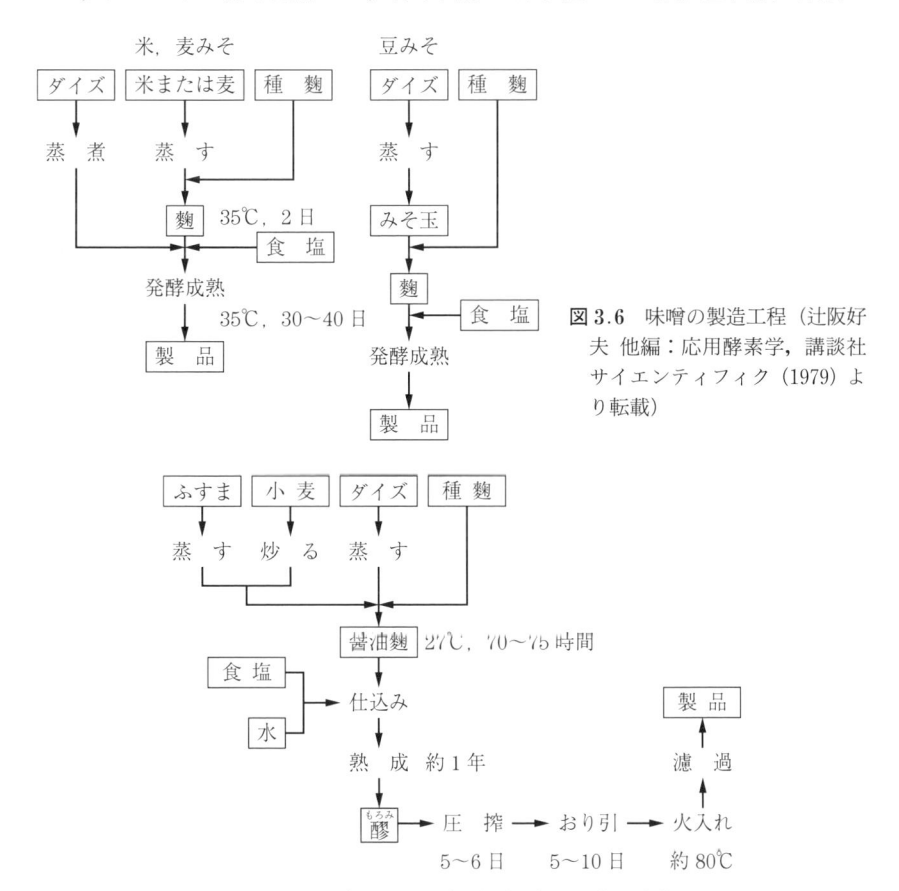

図3.7 醬油の製造工程（辻阪好夫 他編：応用酵素学，講談社サイエンティフィク（1979）より転載）

た疎水領域が存在し，これを親水性アミノ酸残基が取り囲んでいる。このため，生のグロブリン分子の内部はプロテアーゼによって分解を受けにくい。ダイズタンパク質溶液を加熱（蒸煮）すると全体の高次構造が崩れて変性し，プロテアーゼによって分解を受けやすくなる。

蒸煮した脱脂ダイズに食塩を加えて混合し，麴菌を加えて発酵させる過程で，麴菌のプロテアーゼによって原料タンパク質は分解されてグルタミンが生成し，さらにグルタミナーゼによって加水分解することより旨味の強いグルタミン酸に変わる。

一方，天然系調味料の製法の一つとして，以前より呈味性の向上や収率の改善を目的として酵素が利用されていた。例えば，アジア地域の伝統的な調味料の一つである魚醬の製造時間の短縮を目的として，植物由来のブロメライン，パパインや，かび由来のプロテアーゼが用いられている。また，動物解体残渣や煮汁など，そのままでは食用に適さず，これまで廃棄物として処理されていたものを原料として，プロテアーゼを用いて呈味成分をつくり出す方法も検討されている。

〔4〕 そ の 他

スカンジナビア諸国やカナダなどではキャビアの製造に，また，イカやマグロなどの皮を剝ぐ工程を効率的に行う目的で，プロテアーゼが使用されている。

養魚用飼料の原料となるフィッシュミール（魚粉）加工に際して，魚を加熱・圧縮してその水分を減らしてからつぎの乾燥工程に移る。圧搾によって生じる水（スティックウォーター）は貴重なタンパク質を含んでおり，濃縮して利用される。スティックウォーターにプロテアーゼを添加することで，高濃度に濃縮することが可能となる。

3.1.4 果実，野菜，穀類などの加工

〔1〕 柑橘類の苦み除去

夏ミカンは，日本では温州ミカンについで生産量の多い柑橘類であるが，苦みが強く，そのままでは果実の缶詰に加工するには適さない。この苦みを呈す

る物質は主としてナリンジン（narindin）と呼ばれる黄色フラボノイド配糖体で，図 3.8 に示すように，ラムノースが α-1,2 ラムノシド結合でグルコースと結合し，グルコースは β-グリコシド結合でナリンゲニンと結合している物質である。夏ミカンの他にも，温州，ポンカン，スイーティー，グレープフルーツ，文旦などの柑橘類にも含まれている。ナリンジンからラムノースの除かれたプルニンはやや渋味を呈し，ナリンゲニンはほとんど無味の物質である。

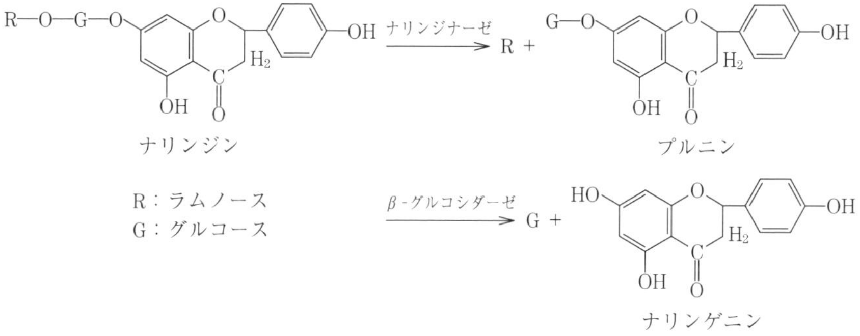

図 3.8 ナリンジン分解酵素系によるナリンジンの分解

ナリンジナーゼ（narindinase）は *Aspergillus niger*，*A. usamii* や *Penicillium decumbens* などのかびの培養液から水で抽出し，濃縮後冷エタノールで処理して工業的に製造されている。実際の缶詰の製造では，あらかじめシロップ中にナリンジナーゼを混合，閉缶して殺菌（75℃，10 分間）する方法がとられている。高温処理をすることにより，酵素の果肉内への浸透が促進され，保存中に徐々に作用する。

〔2〕 ミカン缶詰の白濁防止

温州ミカンの缶詰を，製造後振動させるとシロップは白濁し，さらに長時間経つと乳状を呈するようになる。この白濁は，ミカンの果肉中に存在するヘスペリジン（hesperidin）がシロップに溶出し，その後，振動などの刺激によって結晶化したものである。

ヘスペリジンは表 3.7 に示すように，ナリンジンと同様にラムノースとグルコースをもつフラボノイド配糖体で，ラムノースが α-1,6 ラムノシド結合で

表 3.7 ナリンジナーゼおよびヘスペリジナーゼの各種フラボノイド配糖体に対する作用
(辻阪好夫 他編：応用酵素学，講談社サイエンティフィク (1979) より転載)

基質		ラムノース グルコース 間の糖の結合様式	分解生成糖		
			粗酵素	ナリンジナーゼ	ヘスペリジナーゼ
ヘスペリジン	R-O-G-O-[構造式]	α-1,6	R,G	—	R
リナリン	R-O-G-O-[構造式]	α-1,6	R,G	—	R
ルチン	[構造式]-O-G-O-R	α-1,6	R,G	—	—
ナリンジン	R-O-G-O-[構造式]	α-1,2	R,G	R	—
ポンシリン	R-O-G-O-[構造式]	α-1,2	R,G	R	—
ネオヘスペリジン	R-O-G-O-[構造式]	α-1,2	R,G	R	—

〔注〕 R：ラムノース，G：グルコース。

グルコースと結合し，グルコースは β-グリコシド結合で結合している物質である。ヘスペリジナーゼ (hesperidinase) はナリンジナーゼ生産菌と同じ *A. niger* によって生産される。実際の缶詰の製造では，夏ミカンの缶詰と同様に，あらかじめシロップ中にヘスペリジナーゼを混合，閉缶して殺菌する方法がとられている。高温処理をすることにより，酵素の果肉内への浸透が促進され，保存中に徐々に作用する。

〔3〕 **果汁の脱色**

白桃は独特の風味をもつわが国の特産品であるが，白い果肉の一部にアントシアン系色素による赤色を呈する部位があり，この物質が缶のスズと反応する

と，不快な紫色に変色するので，桃の果肉や果汁をそのまま缶詰にすることはできない。

　桃などに含まれるアントシアニンは，図3.9に示すようなグルコースがβ-グリコシド結合した配糖体で，このグルコースが除かれるとアグリコンは自動的に閉環して無色の物質になる。アントシアニンのグリコシド結合を特異的に分解するβ-グルコシダーゼをアントシアナーゼ（anthocyanase）と呼び，*A. niger*によって生産されたものが工業的に利用されている。桃の果肉をこの酵素に浸漬しても酵素が組織の内部まで浸透しないので，完全な脱色ができず，桃の缶詰の製造には利用されていないが，桃ジュースの缶詰や，白ワイン用のぶどう果汁の脱色に利用されている。

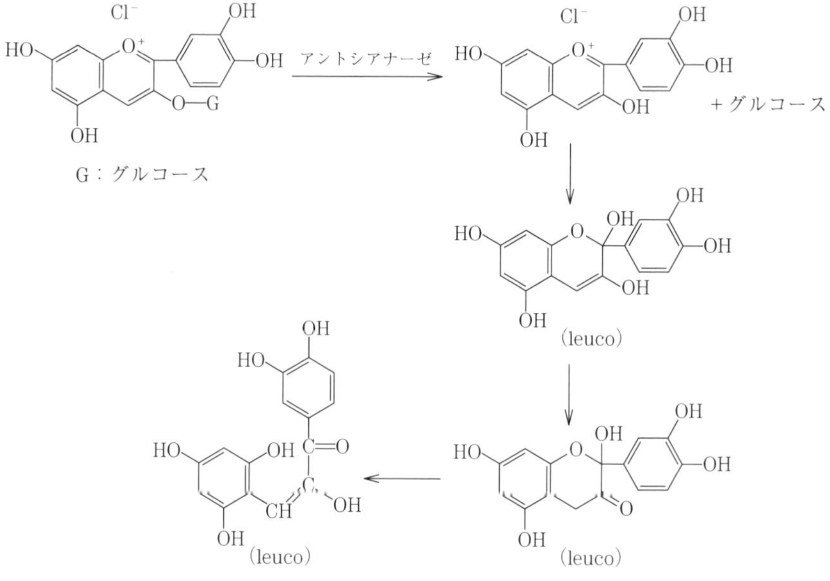

図3.9　アントシアナーゼによるアントシアニンの分解

〔4〕 果汁の清澄化

　ペクチナーゼ（pectinase）の最大の用途は果汁の清澄化である。ペクチナーゼ処理によって製造される透明果汁の原料は主としてリンゴで，リンゴは生産量の10％が濃縮清澄果汁用に加工されている。

リンゴは摘果後低温で保存して市場動向を見ながら適宜加工される。摘果直後のリンゴは容易に圧縮搾汁することができるが，低温で保存中に不溶性のプロトペクチンはリンゴ自身のペクチナーゼ（プロトペクチナーゼ型）によって，徐々に可溶性のペクチンに変換される。その結果，圧搾搾汁することが困難となるので，ペクチナーゼを加えて軟化（macerate）させる必要がある。

リンゴのペクチンは高度にメチル化されているので，市販のペクチナーゼ製剤には，ポリガラクツロナーゼ（polygalacturonase）やアラバナーゼ（arabanase）に加え，ラムノガラクツロナーゼ，キシロガラクツロナーゼ，ペクチンリアーゼ，ペクチンメチルエステラーゼなどが含まれている必要がある。工業的には *Aspergillus* 属由来のペクチナーゼが利用されている。

また，ペクチン自体が果汁の混濁の原因物質であるので，ペクチナーゼによって粘度の低下と分解を行ったのち，凝集物のフロックを形成させて沈殿させることにより，清澄果汁が得られる。

ミカン果汁は大部分が混濁果汁として消費されるが，サイダーなどの清涼飲料の原料として使用するためには，清澄化が必要となる。ミカン果汁の清澄化には，リンゴ果汁に用いるペクチナーゼの他に，キシラナーゼを共存させると効果的であることが報告されている。

3.1.5 アルコール飲料製造への利用

清酒，ビール，ワインなどの酒類の醸造は，基本的には酵素作用の組合せに基づいている。また，利用される酵素はそれぞれの酵素として取り出されたものではなく，動植物の抽出物や微生物の培養物として用いられてきた。例えば，ビール製造における麦芽や清酒醸造における麹は，それぞれの製造工程において重要な役割を果たす酵素の供給源であり，またそれによってそれぞれの製品に独自の風味が形成されるという特徴がある。

醸造工程が科学的に解明されることによって，それに関与する酵素作用の詳細が明らかになってきた。それに伴い，醸造工程で利用されていた酵素と類似した作用をもつ酵素が他の起源からも合理的に得られることが明らかとなって

きた。したがって、最近では多くの醸造品の製造において、品質の向上、経費の削減、製造工程の合理化などを目的として、新たに開発された酵素剤が伝統的原料の代替や補強のために使用されるようになった。しかし、一般的に醸造品は嗜好性が強いので、伝統的な製法を変更することには困難があり、また日本ではアルコール飲料の製造法は酒税法の規制を受けるため、従来の原料を酵素剤に一挙に代替することは困難であろう。

〔1〕 清酒醸造

清酒は日本特有のアルコール飲料で、図 3.10 に示すような工程で製造されている。原料米はおよそ10対3に分けられ、その10部は蒸米、3部は麹として「もと」づくり、および「初添え」「仲添え」「留添え」の3段掛けに分けて用いる。このように、清酒の醸造は、デンプンの糖化と発酵が並行して起こる並行複発酵によって進行し、発酵液のアルコール濃度は約20％にまで達する。

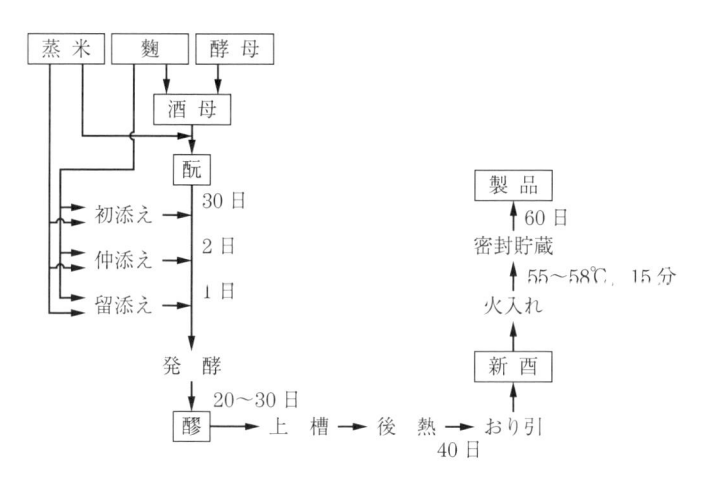

図 3.10 清酒の醸造工程（辻阪好夫 他編：応用酵素学、講談社サイエンティフィク（1979）より転載）

清酒醸造工程で主として作用する酵素は、麹菌の菌体外酵素である、α-アミラーゼ、グルコアミラーゼ（p.94 枠内トピックスを参照）、酸性プロテアーゼなどである。したがって、清酒醸造で利用される酵素剤は、これら麹の酵素活性の補強または代替として用いられる。主として、仲添えと留添えの麹の代

替として用いられており，留添えに用いた場合は全麹必要量の約 40 ％が，仲添えおよび留添えでは約 70 ％の麹が酵素剤で代替できる。

〔2〕 ビール醸造

ビールは大麦を発芽させた麦芽にホップを加え，またそれに大麦やトウモロコシなどの副原料を加えて発酵させたアルコール飲料である。日本では，副原料として未発芽の大麦，デンプン，トウモロコシ，ジャガイモ，米などの使用が認められている。

麹菌のグルコアミラーゼ[13]

麹菌は2種類のグルコアミラーゼ遺伝子（*glaA*，*B*）をもち，培養条件によって遺伝子の発現量が異なる。液体培養では *glaA* は発現するが *glaB* はほとんど発現しない（図左）。一方，固体培養では *glaA* は発現しないが，*glaB* は大量発現する（図中央）。*glaA* にコードされるグルコアミラーゼは触媒ドメインと生デンプン吸着ドメインから構成されているのに対し，*glaB* にコードされるグルコアミラーゼは生デンプン吸着ドメインをもたず，糖鎖が 50 ％以上結合しており，きわめて高い水溶性を有する。麹造りのような固体培養では水分活性が低いが，*glaB* グルコアミラーゼは水溶性を保っており，デンプン分解活性を失うことはない（図右）。このように，麹菌は培養条件に応じて，最適なグルコアミラーゼを選択的に生産しているといえよう。すでに，2005 年に麹菌の全ゲノム配列が解析されたので，発現制御機構の詳細も明らかになるだろう。

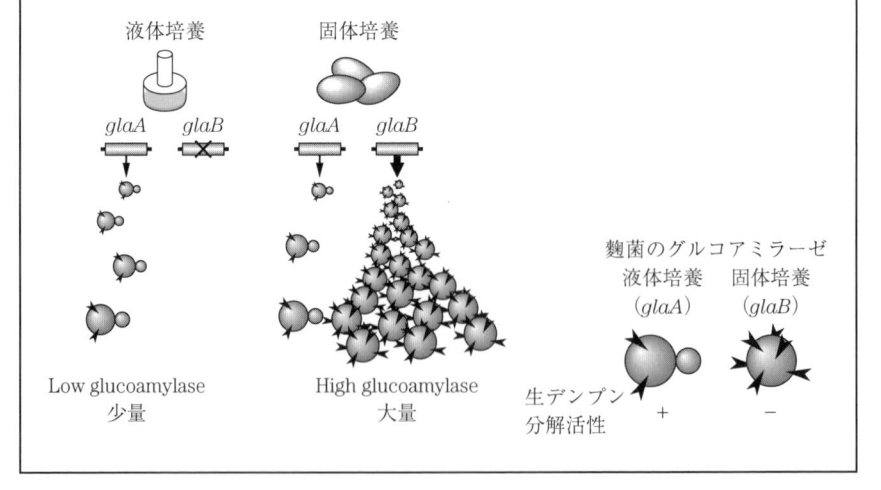

3.1 食品加工での利用

　製造工程は**図 3.11** に示すとおりである．麦芽は，大麦を水に浸漬し，発芽させ，焙燥（ばいそう）して麦芽の成長を止めるとともに，香味を与えたもので，その中にアミラーゼ，プロテアーゼ，グルカナーゼ，セルラーゼなどの酵素が生成される．

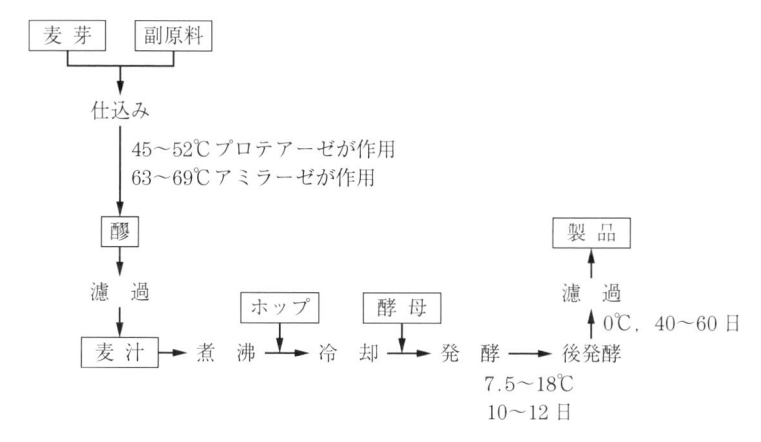

```
    ┌─────┐  ┌─────┐
    │ 麦芽 │  │副原料│
    └─────┘  └─────┘
         ↓
       仕込み
       45～52℃ プロテアーゼが作用
       63～69℃ アミラーゼが作用
         ↓
       ┌───┐                                    ┌─────┐
       │ 醪 │                                    │製 品│
       └───┘                                    └─────┘
         ↓                                         ↑
       濾 過         ┌────┐  ┌────┐              濾 過
         ↓           │ホップ│  │酵母│            ↑ 0℃，40～60日
       ┌───┐        └────┘  └────┘
       │麦汁│ → 煮 沸 → 冷 却 → 発 酵 → 後発酵
       └───┘                         7.5～18℃
                                     10～12日
```

　　図 3.11　ビールの醸造工程（辻阪好夫 他編：応用酵素学，講談社
　　　　　　　　サイエンティフィク（1979）より転載）

　ビール醸造において利用される酵素剤には β-グルカナーゼ，α-アミラーゼ，プルラナーゼ，グルコアミラーゼ，パパインなどがある．β-グルカナーゼは，麦芽や副原料大麦の β-グルカンを分解して麦芽の粘度を低下させる．α-アミラーゼとプルラナーゼは，デンプンを分解することによって醪（もろみ）製造工程の時間短縮や副原料の割合の増加に利用できる．グルコアミラーゼは発酵中または貯蔵熟成中に添加して，デンプンのデキストリンを完全にグルコースに分解することによって，発酵性を増加させることに役立つ．中性プロテアーゼは，大麦その他の副原料の多いときにタンパク質の分解を増大させて，麦汁中に不足するアミノ酸濃度を高め，常法によって製造した麦芽の成分と変わりない品質を維持するために用いられる．さらに，パパインなどのプロテアーゼが，製品の冷却貯蔵中に生成する変性タンパク質などの沈殿による混濁を防止するために用いられている．

〔3〕 ワイン醸造

ワインはぶどうの果汁を発酵させてつくるアルコール飲料で，その製造工程の概略は図 3.12 に示すとおりである。

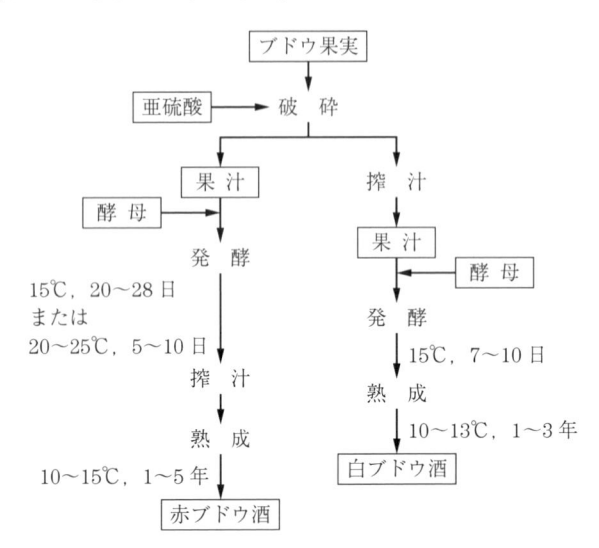

```
           ブドウ果実
              │
    亜硫酸 → 破 砕
              │
        ┌─────┴─────┐
       果汁          搾汁
        │            │
 酵母 → │           果汁 ← 酵母
        ↓            ↓
       発 酵         発 酵
  15℃, 20〜28日    15℃, 7〜10日
    または            ↓
 20〜25℃, 5〜10日   熟 成
        ↓       10〜13℃, 1〜3年
       搾汁           │
        ↓          白ブドウ酒
       熟 成
  10〜15℃, 1〜5年
        ↓
      赤ブドウ酒
```

図 3.12 ワインの製造工程（辻阪好夫 他編：応用酵素学，講談社サイエンティフィク（1979）より転載）

一般に，ぶどう果実の表面には大量の酵母が付着しているので，その果汁はそのまま放置しておいてもよく発酵する。しかし，有害菌も混入する恐れがあるので，通常亜硫酸を加えて殺菌したのち，亜硫酸に抵抗性のある優良な培養酵母を加えて発酵させる。清酒やビールとは異なり，ワインにはデンプンの糖化工程はない。

ワイン醸造で利用される主な酵素製剤はペクチナーゼである。ぶどう果実を圧搾して果汁をとる際，つぶした果実をペクチナーゼで処理すると果実に含まれるペクチンによる抵抗が弱まって，圧搾の効率を高めることができる。その結果，ワインの芳香の保持，透明度の上昇が得られる。

3.1.6 製パン・製菓への利用

パンの原料となる小麦粉には，それ自身のアミラーゼ，プロテアーゼなどが

含まれているが，それらの活性は良質のパンを製造するためには十分ではないので，酵素を適当に補う必要がある。

製パン工程では非常に多くの酵素剤が用いられているが，代表的な酵素として，α-アミラーゼ，グルコアミラーゼ，ヘミセルラーゼ，リパーゼ，プロテアーゼ，グルコースオキシダーゼなどが挙げられる。

α-アミラーゼやグルコアミラーゼなどのエンドアミラーゼは，小麦デンプンを分解することにより，ドウのガス保持を調節してパン生地を改良する。また，エキソアミラーゼであるいわゆるマルトジェニックアミラーゼ（maltogenic amylase）は，アミロペクチンの側鎖を切断してマルトオリゴ糖を生成することによって，枠内トピックスに示すようなパンの老化（reterogradation）を抑制する作用がある。*Aspergillus* 属のかびや，枯草菌が生産する酵素が利用されている。

ヘミセルラーゼは，小麦粉中に3～4％存在するペントサンを分解して，パンの窯伸び，ボリューム，内相のきめを改良して，ソフトなパンを焼き上げる効果がある。

リパーゼは，小麦粉中に含まれる脂肪を分解して脂肪酸を生成する。製パンには生地の強化のためにさまざまな乳化剤（脂肪酸）が使用されているが，リパーゼを作用させることで，添加する乳化剤の量を減らしたり，完全に置き換えることが可能になる。

ダイズ由来のリポオキシゲナーゼは，小麦粉中に含まれる不飽和脂肪酸およびそのエステルを酸化するとともに，生成した過酸化脂肪酸がドウのカロテノ

パンの老化（retrogradation）

焼きたてのふかふかのパンも，時間が経つと固くぼろぼろになる。この現象を「老化」と呼ぶ。これは，デンプンが変化するために起こると考えられている。アミロペクチンの側鎖が短ければ，老化速度が遅くなることがモデル系で確かめられている。したがって，マルトジェニックアミラーゼを用いてアミロペクチンの側鎖を短くすることによって，アミロペクチンの老化速度を遅くすることができる。

イドと反応する。結果的に漂白作用を示す。

　ビスケットやクッキーなどの焼き菓子の生地にプロテアーゼを使用すると，生地中のグルテンが適度に分解され，その結果として生地の成形性が増し，焼き上がり後の食感が改善される。通常，*Bacillus* の生産する非特異的プロテアーゼが用いられる。

　α-アミラーゼと，*A. niger* の生産するグルコースオキシダーゼを併用することにより，パン生地の安定性が改善される。

3.1.7　乳製品の加工

　アジアを中心としてアフリカや中南米には，**β-ガラクトシダーゼ（ラクターゼ）** が欠損しているために牛乳に含まれる乳糖（ラクトース）を分解できず，膨満感や下痢の症状を示す，いわゆる**乳糖不耐症**の人が数多くいる。このような人のために，ラクターゼを用いてラクトースをグルコースとガラクトースに分解した低ラクトース牛乳が製造されている。ラクトースは冷凍すると結晶を析出するので，アイスクリームなどにざらつき感を与える。これを防ぐためにも，β-ガラクトシダーゼが利用されている。

　β-ガラクトシダーゼの他に，グルコースオキシダーゼ，カタラーゼ，ラクトペルオキシダーゼが生乳の保存のため，スルフィドリルオキシダーゼがフレーバーの改善のために利用されているが，使用量は知れている。

3.1.8　卵の加工

　卵白，卵黄，あるいは全卵を，噴霧乾燥，平板乾燥，発泡乾燥や凍結乾燥などの手段で粉末状にした製品が古くから製造されている。いずれの乾燥工程でも，卵に含まれているグルコースのアルデヒド基が，卵アルブミンのアミノ基と反応（メイラード反応）して，褐変させることが問題となっていた。そこで，乾燥工程前の割卵に，グルコースオキシダーゼを加えてグルコースをグルコノラクトンと過酸化水素に分解したのち，カタラーゼを用いて過酸化水素を水と酸素に分解するという酵素法によるグルコースの除去が行われている。

3.1.9 茶 の 加 工

茶飲料の製造工程や製品において，温度が下がる際，カフェインとガレート型カテキン複合体による沈殿が生成することがあるため，この沈殿防止の目的でタンナーゼが用いられる。ペットボトルの登場で，より透明性が求められるようになったことや，渋味を抑えたマイルドな味が求められることから，紅茶やウーロン茶はもとより，緑茶でもタンナーゼ処理が行われるようになってきている。

3.1.10 油 脂 の 加 工

油脂の加工に酵素が用いられるようになったのはごく最近のことで，他の用途と比べるとまだまだ限られている。主としてリパーゼが利用されており，その他ホスホリパーゼ，リポオキシゲナーゼなどが用いられている。通常は，固定化リパーゼがよく用いられる。

〔1〕 **エステル化反応を利用した油脂加工**

食物として摂取されたトリアシルグリセロール（TAG）は脂肪酸とモノアシルグリセロール（MAG）に分解されて小腸から吸収される。吸収された分解物は TAG に再合成されていったん脂肪組織に蓄積された後，必要に応じて分解されエネルギー源となる。一方，摂取されたジアシルグリセロール（DAG）は分解・吸収された後に TAG に再合成されにくいため，体脂肪が付きにくいといわれている。DAG は 1,3-位特異的リパーゼを用いてグリセリンに 2 モル等量の脂肪酸を加えてエステル化反応を行うことにより合成できる。酵素法によって生産された DAG は特定保健用食品の認可を受け，1999 年から発売されている。

〔2〕 **エステル交換反応を利用した油脂加工**

油脂の性質は，含有される脂肪酸の種類によって決まる。リパーゼのエステル交換反応を用いると，オーダーメイドの油脂をつくることができる。例えば，オレイン酸含量の多いヒマワリ油とステアリン酸を混合して，*R. miehei* の 1,3-位特異的なリパーゼを固定化したリアクターを通過させることによっ

て，カカオバターの主成分である TAG が連続生産されている．また，母乳中には 1,3-位にオレイン酸が結合した TAG が多く含まれているが，このような TAG はパーム固形脂の 1,3-位をオレイン酸でエステル交換することにより製造されており，海外では育児粉乳の成分として使用している（図 3.13）．

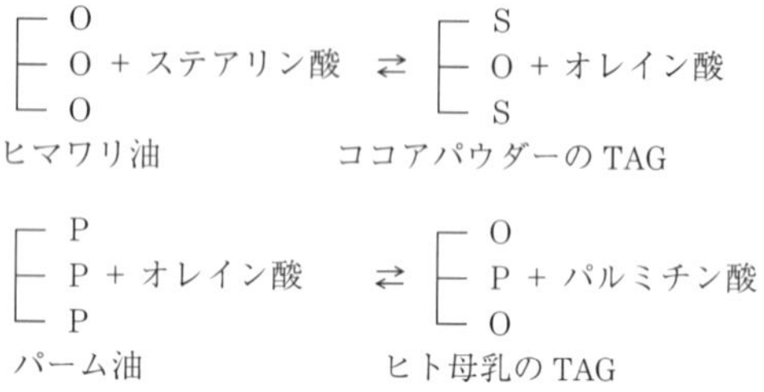

$$\begin{bmatrix} O \\ O \\ O \end{bmatrix} + \text{ステアリン酸} \rightleftarrows \begin{bmatrix} S \\ O \\ S \end{bmatrix} + \text{オレイン酸}$$
ヒマワリ油 　　　　　　　ココアパウダーの TAG

$$\begin{bmatrix} P \\ P \\ P \end{bmatrix} + \text{オレイン酸} \rightleftarrows \begin{bmatrix} O \\ P \\ O \end{bmatrix} + \text{パルミチン酸}$$
パーム油 　　　　　　　ヒト母乳の TAG

O：オレイン酸, S：ステアリン酸, P：パルミチン酸

図 3.13 1,3-位特異的リパーゼを用いたエステル変換反応

〔3〕 **加水分解反応を利用した油脂加工**

脂質を加水分解して得られる脂肪酸またはその誘導体は，食品添加物のみならず医薬品や洗剤として利用されている．脂質の加水分解は高温高圧（250°C，3〜6 MPa）で行われるので，不飽和脂肪酸を多く含む油脂には適さないが，リパーゼを用いることによって，50〜70 % の水中油エマルジョンにおいて 40°C という穏やかな温度で加水分解を行うことが可能である．

例えば，*Candida rugosa* のリパーゼはエイコサペンタエン酸（EPA）に比べてドコサヘキサエン酸（DHA）に対する活性が低いので，精製魚油に *C. rugosa* のリパーゼを加えて部分加水分解することによって EPA が遊離され，DHA 含量の高い脂質が得られる．マグロ油中には DHA が 23 % 含まれているが，加水分解反応と生成した TAG の抽出を数回繰り返すことにより，DHA 含量を 70 % にまで高めることができる．この方法によって製造された DHA 高含量油は 1994 年以来，栄養補助食品として商品化され，サプリメントとしての地位を得ている．

〔4〕 **脱 ガ ム**

ダイズ油などの粗植物油はリン脂質を約 3 % 含んでおり，食用油としては適

さないので，これまでは，第一段階で水を用いて水和リン脂質を除去し，第二段階は酸を用いて非水和リン脂質を除去する方法が用いられてきた。

ホスホリパーゼA2は，図2.5に示すように，リン脂質のα位の脂肪酸を加水分解して，より水溶性の高いリゾリン脂質に変換する酵素である。油中水エマルジョン中の酵素反応によって生成したリゾリン脂質は，遠心操作によって容易に油と分離することができる。ホスホリパーゼA2を用いることで，すべてのリン脂質を一段階で分解除去することが可能となり，高収率で，しかも環境に配慮した脱ガムプロセスが可能になった。

3.2 食品関連工業での利用

本章では，食品そのものではなく，旨味成分などの食品添加物製造プロセスへの酵素の利用例について述べる。ある種のアミノ酸や呈味性ヌクレオチドは天然から見出された旨味成分としてよく知られており，工業的には発酵法または酵素変換反応を用いて生産されている。

3.2.1 アミノ酸の製造

アミノ酸は，食品，医薬，飼料などの分野において，またその他の工業原料として，広く大量に用いられている。アミノ酸の製造方法には以下の三つの方法がある。
(1) タンパク質加水分解物からの抽出法
(2) 化学的合成法
(3) 微生物を用いる生化学的方法

化学的合成法を用いると，ラセミ体（DL-体）のアミノ酸ができるが，微生物法ではL-体のアミノ酸のみができる。現在一般的に広く利用されているアミノ酸はL-体であり，アミノ酸の製造を考えるうえでは，L-体のアミノ酸のみをどのようにして得るかということが，つねに最大の関心事である。したがって，生成アミノ酸が立体特異性を有するという面では，微生物法が化学法より優れているわけである。抽出法ではもちろんL-体のみが得られるが，原料

の供給量が限られており,限られたアミノ酸にのみ利用されている。

微生物を用いるアミノ酸の製法は,**発酵法**と**酵素法**に大別できる。発酵法は従来のアルコール発酵に見られるように,微生物の営む生命現象,すなわち微生物の有する複雑な物質代謝系を利用して,安価な炭素源・窒素源からアミノ酸を生産する方法である。一方酵素法は,化学合成などによってアミノ酸製造の中間体をつくり,この中間体を基質として微生物酵素の作用によりアミノ酸を生産する方法である。アミノ酸製造に酵素が初めて利用されたのは,ラセミ体のアミノ酸の光学分割においてであったが,その後種々の酵素を用いるアミノ酸の製造法が開発され,現在では酵素法はアミノ酸製造法の1分野を形成するに至っている。**表3.8**にアミノ酸の生産方法を示した。

酵素法のもう一つの利点は,発酵法では主として生体成分を構成するL-アミノ酸しか生産できないのに対し,D-アミノ酸や自然界には存在しないアミノ

表3.8 アミノ酸の生産方法[11]

アミノ酸[*1]	主な生産法[*2]
バリン	発酵法,合成法
ロイシン	発酵法,抽出法
イソロイシン	発酵法
スレオニン	発酵法,合成法
メチオニン	酵素法,合成法
DL-メチオニン	合成法
フェニルアラニン	発酵法,合成法
トリプトファン	発酵法,酵素法,合成法
リシン	発酵法,酵素法
アルギニン	発酵法,抽出法
ヒスチジン	発酵法
アスパラギン酸	酵素法
アスパラギン	酵素法
システイン	酵素法,合成法,抽出法
チロシン	抽出法
グリシン	合成法
アラニン	酵素法,合成法
DL-アラニン	合成法
セリン	発酵法,抽出法
グルタミン酸	発酵法
グルタミン	発酵法
プロリン	発酵法,抽出法
オルニチン	発酵法
シトルリン	発酵法,酵素法

[*1] 主としてタンパク質性アミノ酸を示した。
[*2] 酵素法は別法として示した。

酸類縁体も合成できる点にある。このような非タンパク質性アミノ酸は，抗生物質の構成成分として重要性を増してきている。本項では食品添加物としてのL-アミノ酸の製造について述べ，非天然型アミノ酸については後述する。

〔1〕 加水分解酵素の利用

（a） アミノアシラーゼ　化学合成法によって得られるDL-アシルアミノ酸を，微生物のアミノアシラーゼによって不斉加水分解する方法である。千畑らはかびをはじめ，さまざまな微生物にアミノアシラーゼ活性を探索した結果，麹菌に強い活性を見出した。アミノアシラーゼを用いたアミノ酸の光学分割が回分法により工業化されていたが，反応を連続的に行って効率化するために酵素の固定化が行われた。アミノアシラーゼを用いた方法は，固定化生体触媒を世界で初めて工業的に応用した例として有名である（**図 3.14**）。反応後，L-アミノ酸を分別結晶させて取得したのち，残存するN-アシル-D-アミノ酸をラセミ化して再び基質として利用することができ，DL-アミノ酸からほぼ

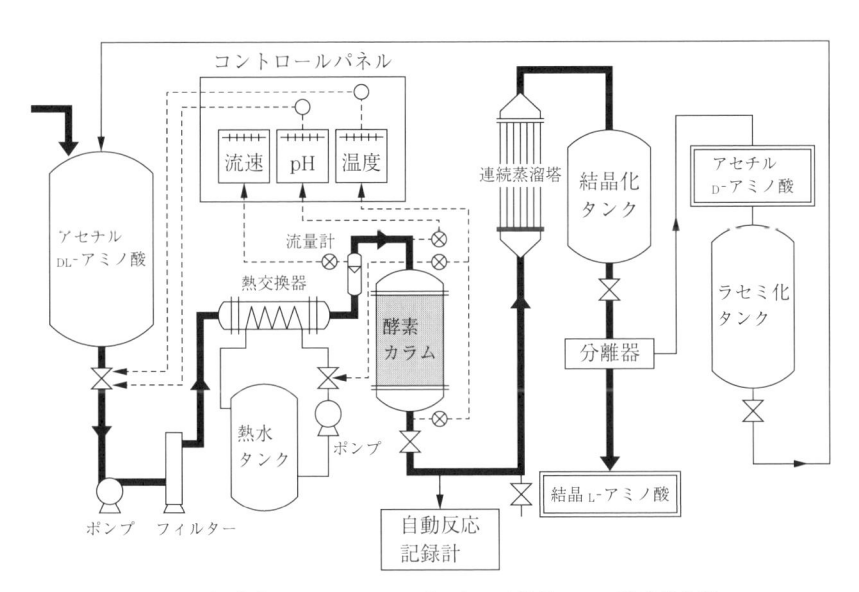

図 3.14 固定化アミノアシラーゼによる工業的アミノ酸光学分割のフローダイアグラム[6]

100％の収率でL-アミノ酸が得られる。

このような方法により，アセチル化またはクロロアセチル化したアミノ酸から，L-アラニン，L-イソロイシン，L-メチオニン，L-フェニルアラニン，L-トリプトファン，L-バリンなどを生産することができる。しかし現在は，アミノアシラーゼを用いた上記アミノ酸の工業的生産は行われていない。

（b） カプロラクタム加水分解酵素　有機合成反応で得られたラセミ体のDL-α-アミノ-ε-カプロラクタム（DL-ACL）を基質として，L-リシンラクタマーゼ（H酵素）とα-アミノ-ε-カプロラクタムラセマーゼ（R酵素）を同時に作用させ，DL-ACLからほぼ定量的にL-リシンを生成させる製法である（図3.15）。

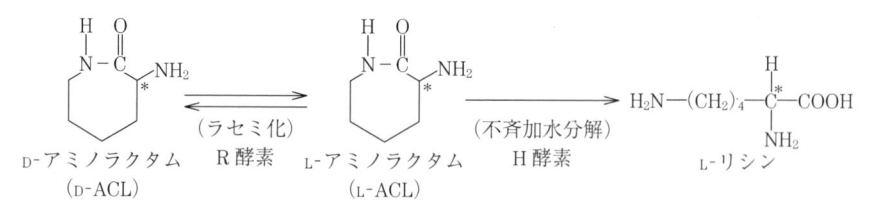

図3.15　酵素法によるL-リシン製造反応式

ε-カプロラクタムの化学合成法の工程から比較的容易に得られるシクロヘキセンからDL-ACLの合成反応が見出されている。高いL-アミノカプロラクタム加水分解酵素活性を示す酵母 *Cryptococcus laurentii* と，高いアミノカプロラクタムラセマーゼ活性を示す細菌 *Achromobacter obae* の培養菌体を酵素源として用いて商業生産が行われたが，現在では行われていない。両酵素ともDL-ACLを誘導基質とする誘導酵素である。

（c） ヒダントイナーゼ　DL-5-インドリルメチルヒダントイン（DL-IMH）をインドリルヒダントイン加水分解酵素（ヒダントイナーゼ）によって不斉加水分解して，得られたN-カルバモイル-L-トリプトファンをL-特異的なN-カルバモイルアミノ酸ヒドロラーゼによって加水分解してL-トリプトファンを得る方法である（図3.16）。

Flavobacterium sp. 由来のヒダントイナーゼは，DL-IMHを誘導基質として

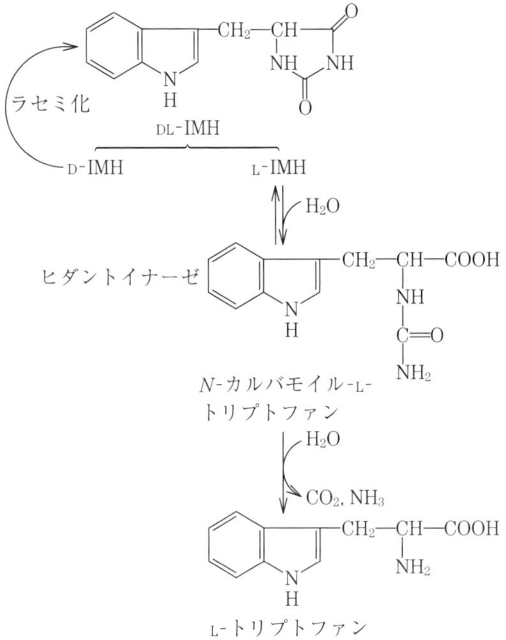

図3.16 酵素法による L-トリプトファン合成

誘導される。現在の L-トリプトファンの工業的生産は発酵法が中心となっているが，使用原料が安価になれば実用化が可能であると考えられる。

〔2〕 加水分解酵素以外の利用

（a） **アスパルターゼ**　L-アスパラギン酸のカリウム塩，マグネシウム塩，カルシウム塩などは，疲労回復剤などの医薬品として用いられている。モノナトリウム塩は食品添加物，p.106 枠内トピックスに示すような合成甘味料アスパルテームの合成原料としても用いられている。また，生産コストの大幅ダウンにより，洗剤ビルダーや生分解性キレート剤などへの利用計画も進んでいる。

L-アスパラギン酸の工業的製造については，安価なフマル酸を原料としてアスパルターゼの作用を利用する方法と，マレイン酸を原料としてマレイン酸イソメラーゼとアスパルターゼを用いる方法が用いられている。アスパルターゼは，フマル酸をアミノ化して L-アスパラギン酸を合成する酵素で，無機態の

アンモニアを有機態のアミノ酸に変換する酵素として生化学的にも重要である。本酵素はアンモニアの脱離と付加を立体選択的に行うが，アスパラギン酸の合成・分解の平衡は，著しく合成方向に傾いている。大腸菌 K-12 株の変異株が高いアスパルターゼ活性を示すことが見出された。菌体を κ-カラギーナンで包括固定化した**バイオリアクター**や，弱塩基性陰イオン交換樹脂 Duolite A-7 にイオン結合させることにより固定化したアスパルターゼを用いることで，生産性の向上が図られた。

$$\text{HOOC—CH=CH—COOH} + \text{NH}_3 \xrightleftharpoons{\text{アスパルターゼ}} \text{HOOC—CH}_2\text{—CH(NH}_2\text{)—COOH}$$

フマル酸　　　　　　　　　　　　　　　L-アスパラギン酸

（b）脱炭酸酵素　L-アスパラギン酸 β-デカルボキシラーゼは，L-アスパラギン酸の β-位のカルボキシル基を脱炭酸して L-アラニンを生成する酵素で，PLP を補酵素とする。

$$\text{HOOC—}\overset{\beta}{\text{CH}_2}\text{—}\overset{\alpha}{\text{CH(NH}_2\text{)}}\text{—COOH} \xrightarrow{\text{L-アスパラギン酸 }\beta\text{-デカルボキシラーゼ}} \text{CH}_3\text{—CH(NH}_2\text{)—COOH} + \text{CO}_2$$

L-アスパラギン酸　　　　　　　　　　　　　　　L-アラニン

L-アラニンは医薬品としてはアミノ酸輸液の成分，またさわやかな甘みを呈

アスパルテーム

L-アスパラギン酸と L-フェニルアラニンのジペプチドのメチルエステルで，1983 年に食品添加物として認可された合成甘味料。ノンカロリーを謳う清涼飲料水など添加されている。サーモライシンの脱水縮合反応を利用して工業生産されている。以下にその化学式を示す。

アスパルテーム

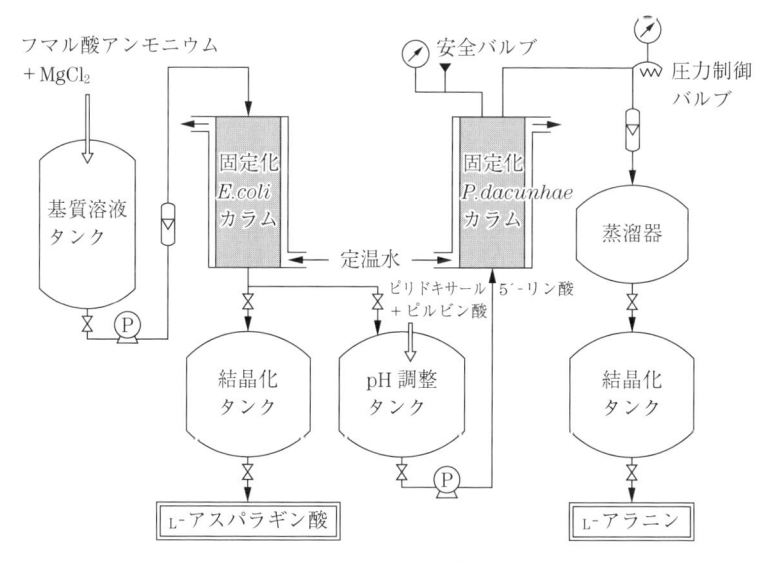

するので調味料，静菌作用があるので食品の日持向上剤として用いられている。

　高いL-アスパラギン酸β-デカルボキシラーゼ活性を示す*Pseudomonas dacunhae*が見出され，さまざまなL-アラニンの工業的生産方法が開発されている。原料となるL-アスパラギン酸は，フマル酸とアンモニアから固定化大腸菌を用いるアスパルターゼ反応で製造されている。そこで，*P. dacunhae*の菌体をκ-カラギーナンで固定化したカラムと，固定化大腸菌カラムを同時に用いると，フマル酸とアンモニアから一気にL-アラニンが製造できることになり，本法によるL-アラニンの製造が工業化されている（図3.17）。

図3.17 固定化菌体によるL-アラニンの工業的生産のフローダイアグラム[6)]

3.2.2 呈味性ヌクレオチドの製造

　ヌクレオチド類はすべての生物に含まれる核酸の構成単位であるが，このうち呈味性を示すのはリボヌクレオチドのみである。5′-イノシン酸（IMP）と5′-グアニル酸（GMP）のナトリウム塩は独特の旨味をもっている。5′-イノシン酸は，牛肉エキスから発見され，1912年に小玉によって鰹節の旨味成分で

あることが見出された。一方，5′-グアニル酸は最初に膵臓核酸から分離され，これがシイタケの旨味成分であることが，1960年に国中らによって発見された。

ヌクレオチドが**呈味性**を示すためには，その化学構造として以下の条件が必要である（図3.18）。

(1) プリン塩基をもつ。
(2) プリン塩基の6位の炭素原子に水酸基が結合している。
(3) 糖の5′位の炭素にリン酸基が結合している。

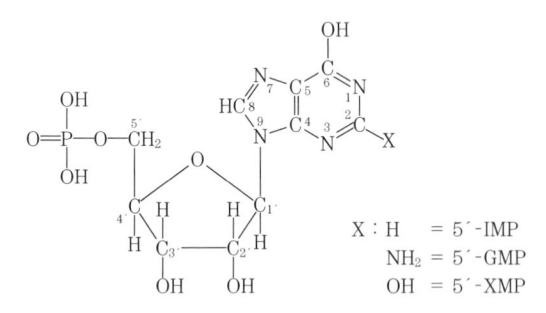

$$X : H = 5′\text{-IMP}$$
$$NH_2 = 5′\text{-GMP}$$
$$OH = 5′\text{-XMP}$$

図3.18　呈味性ヌクレオチドの構造

これらの条件を満たすのは，5′-IMP，5′-GMP，5′-XMP（キサンチル酸）であるが，化学調味料として工業的に生産されているのは5′-IMPと5′-GMPである。これらの呈味性ヌクレオチドをグルタミン酸ナトリウムと混合して使用すると，それぞれを単独で使用した場合よりもはるかに強い旨味を呈する。

〔1〕 分　解　法

ヌクレオチドの工業生産が可能になったのは，核酸を5′-ヌクレオチドに加水分解する酵素が大量に得られるようになったためである。核酸をアルカリで加水分解すると，生成するヌクレオチドは呈味性のない2′-または3′-ヌクレオチドであった。一方，ヘビ毒のヌクレアーゼは核酸を5′-ヌクレオチドに加水分解することが知られていたので，ヘビ毒型のヌクレアーゼを微生物に求めるスクリーニングが行われた。その結果，*Penicillium citrinum* および *Streptomyces aureus* の培養液中に強い活性が認められた。*P. citrinum* の生産するP1ヌクレ

アーゼは現在でも工業的に使用されている。

〔2〕 酵素による変換法

その後，ヌクレオシドまたはヌクレオチドを酵素的に変換する方法が開発された。変換酵素としては，デアミナーゼやリン酸化酵素が用いられている。

（**a**） **5′-イノシン酸**　　酵母の RNA を P1 ヌクレアーゼで分解して得られる 4 種類の 5′-ヌクレオチドをイオン交換樹脂で分画し精製する。5′-アデニル酸画分に麴菌の生産する 5′-AMP デアミナーゼ（5′-AMP deaminase）を作用させて 5′-IMP に変換する。

一方，イノシンを発酵法で生産した後，イノシンキナーゼ（inosine kinase）で酵素的にリン酸化する方法も用いられている。ATP がリン酸基供与体であるが，*Corynebacterium ammoniagenes* の **ATP 再生系**を利用することで，ごく少量の ATP を反復利用する。

$$AMP + ATP \rightarrow 2ADP$$
$$グルコース + ADP + Pi \rightarrow ATP + CO_2 + Acids + H_2O$$

（**b**） **5′-グアニル酸**　　発酵法で得られた 5′-XMP を，GMP シンターゼ（GMP synthase）を用いて酵素的にアミノ化して生産される。

$$XMP + NH_3 + ATP \rightarrow GMP + AMP + PPi$$

5′-XMP はプリンヌクレオチド生合成経路上の 5′-IMP から 5′-GMP へ至る中間体である。グルタミン酸生産菌である *Corynebacterium glutamicum* のグアニン-アデニン要求性変異株が培地中に著量の XMP を蓄積することが見出された。発酵終了後の培養液に，セルフクローニングで得られた GMP シンターゼを高発現する大腸菌の培養液を加えて転換反応を行い，蓄積した 5′-GMP を精製・単離する。ATP は *C. ammoniagenes* の ATP 再生系を利用する。

最近，浅野らによってピロリン酸をリン酸基供与体とする酵素的リン酸化法が開発され工業化された。腸内細菌 *Morganella morganii* などの生産する酸性ホスファターゼがイノシンの 5′ 位を選択的にリン酸化することを見出した。

しかし，生成したイノシンを加水分解する活性も併せもっているので，実用には適さない。そこで，分子進化工学的手法によって酵素の特異性の改変を試みた結果，アミノ酸を2残基置換することで，イノシン酸の脱リン酸化反応を劇的に抑制することが可能になり，工業生産に用いられている。

3.2.3 その他

微生物によって発酵生産される**有機酸**は約60種に及んでおり，それらは代謝産物として古くから人類の食生活と深くかかわってきた。有機酸のうちで，産業上の用途があり，微生物の酵素によって生産されているものは，現在ではリンゴ酸（malic acid）のみである。フマラーゼを高生産する *Brevibacterium ammoniagenes* をポリアクリルアミドゲルで包括した固定化菌体や，*B. flavum* を κ-カラギーナンで固定化した固定化菌体触媒を用いて，フマル酸ナトリウムを連続的に流して L-リンゴ酸を製造する方法が工業化されている。

合成甘味料の**アスパルテーム**は，図 3.19 に示すとおり，安価に供給可能なラセミ体のフェニルアラニンメチルエステルとアスパラギン酸から，サーモライシンの立体特異的脱水縮合反応を用いて製造されている。未反応の D-フェニルアラニンメチルエステルはラセミ化されて，最終的には全量がアスパルテームになる。

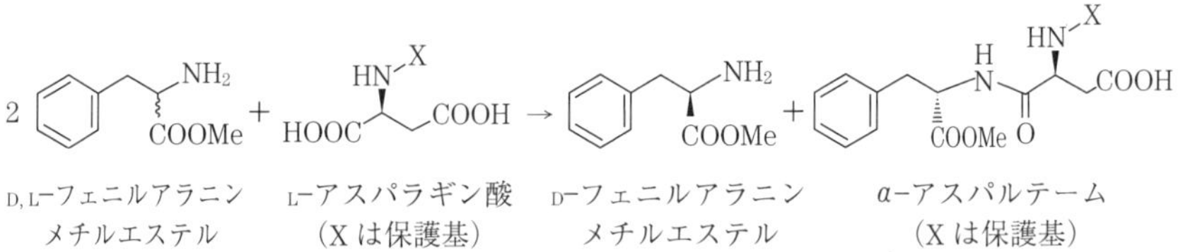

図 3.19 サーモライシンによるアスパルテームの合成

3.3 化学工業での利用

家庭用洗剤への添加剤や繊維加工，汎用化成品の合成プロセスなどの非食品加工分野においても，さまざまな酵素が広く利用されている。これらの分野で

使用される酵素には高い安定性が求められており，固定化や分子工学の技術を用いて天然型酵素を改良した変異酵素が実用化されている。

3.3.1 洗剤用酵素

洗剤用酵素には，さまざまな種類の繊維の表面から，多種多様の汚れを除去することが求められている。可溶性の汚れは，洗浄過程で容易に除去することができるが，洗剤中に含まれる界面活性剤/ビルダー/漂白剤では完全に除去されない多くの汚れがある。界面活性剤は洗浄を担う主成分で，界面張力低下作用，可溶化作用，分散作用などにより汚れを落とす。**ビルダー**には，キレートビルダーとアルカリビルダーがあり，前者は洗浄水のカルシウムなどの硬度成分を捕捉して洗浄効率を高める成分で，ゼオライト，クエン酸塩，リン酸塩などである。アルカリビルダーとしては，炭酸塩，ケイ酸塩などがある。漂白剤として，次亜塩素酸ナトリウム，過炭酸ナトリウム，過酸化水素などが配合される場合がある。

これらの洗剤組成を考慮すると，洗剤用酵素として要求される条件は，以下のようになる。

(1) アルカリ条件下で安定，かつ酵素活性を示す。
(2) 界面活性剤の影響を受けない。
(3) カルシウム捕捉用のビルダーが存在しても洗浄効果を示す，すなわち，カルシウムがなくても酵素活性を十分発揮できる。
(4) 酵素は顆粒化されており，粉塵の飛散がない。
(5) 洗剤中のプロテアーゼによって分解などの影響を受けない。
(6) 洗濯に使用する水の温度が国や地域によって異なるので，それぞれの温度で高い活性を示す。

洗剤用酵素開発は，まずアルカリプロテアーゼからスタートした。1913年にドイツで，ブタの膵臓から抽出された**トリプシン**が初めて家庭用洗剤に添加された。その後，1963年に，アルカリやビルダーに対して耐性をもつプロテアーゼとして，*Bacillus licheniformis* の生産するプロテアーゼ（商品名：ア

ルカラーゼ®)が登場した。その後1970年初期には酵素粉塵の飛散によるアレルギー問題が発生し，洗剤用酵素の開発が一時滞る時期があったが，酵素顆粒化技術の確立により安全性が保証され，本格的な開発がノボザイム社を中心に展開された。

1970年代の前半には，α-アミラーゼ（商品名：ターマミル®）が開発され，耐熱性やアルカリ耐性の増強が図られるとともに，液体洗剤への添加を目的とした酵素標品が開発された。また1980年代には，ヨーロッパでの洗濯条件の変化や環境問題に対する配慮から，分子工学を用いて酵素の性質の改変が試みられ，新たなプロテアーゼが開発された。さらに，セルラーゼ（商品名：セルザイム®）やリパーゼ（商品名：リポラーゼ®）の洗剤への添加が始まった。

1990年以降は，分子工学を用いてプロテアーゼ，アミラーゼ，リパーゼの活性を改良することが盛んに試みられ，第二世代の洗剤用酵素が相次いで開発された。さらに，ペルオキシダーゼも洗剤に添加されるようになった。

〔1〕 **プロテアーゼ**

洗剤用酵素として圧倒的に多く使用されている酵素はアルカリプロテアーゼで，**サブチリシン**と呼ばれるセリンプロテアーゼである。サブチリシンは，*Bacillus subtilis*（枯草菌）の生産する菌体外に分泌されるエンドペプチダーゼに対して命名されたのが始まりで，他の*Bacillus*属細菌から見出されるプロテアーゼも同様の名前で呼ばれている。

産業上利用されているサブチリシンの構造はきわめてよく似ているが，最適反応温度，最適pH，漂白剤に対する抵抗性などに違いが認められる（**表3.9**）。

表3.9 洗剤に添加されているプロテアーゼ（ノボザイム社）

製品名	生産菌	pH適応範囲	温度適応範囲 [℃]
アルカラーゼ	*Bacillus*属細菌	6〜10	10〜80
エスペラーゼ	*Bacillus*属細菌	7〜12	10〜80
エバーラーゼ	*Bacillus*属細菌（遺伝子組換え菌）	8〜11	15〜80
サビナーゼ	*Bacillus*属細菌（遺伝子組換え菌）	8〜11	15〜75
デュラザイム	*Bacillus*属細菌（遺伝子組換え菌）	8〜11	15〜70

〔2〕 アミラーゼ

洗剤用酵素として利用されているアミラーゼは,*Bacillus amyloliquefaciens* 由来の α-アミラーゼ,*B. licheniformis*,*Aspergillus* 属由来の耐熱性 α-アミラーゼである。α-アミラーゼは,1,4-α-D-グリコシド結合をエンド型に加水分解する酵素である。エキソ型に加水分解する β-アミラーゼやプルラナーゼを洗剤に添加することも検討されているが,汚れの除去にはあまり効果がないので市販の洗剤には添加されていない。

細菌の生産する α-アミラーゼは,洗剤に添加されているプロテアーゼの存在下でも安定なので,これら二つの酵素を洗剤に添加しても触媒活性は維持される。また,*B. amyloliquefaciens* 由来 α-アミラーゼの 197 位の Met を Leu に置換した過酸化水素耐性を示す酵素(デュラミル®)や,低温でも高い活性を示す変異酵素(ナタラーゼ®)などが相次いで開発され,商品化されている(表 3.10)。

表 3.10 市販アミラーゼの諸性質(ノボザイム社)

製品名	生産菌	pH 適応範囲	温度適応範囲(℃)
ターマミル	*Bacillus* 属細菌(遺伝子組換え菌)	6〜11	25〜100
デュラミル	*Bacillus* 属細菌(遺伝子組換え菌)	6〜10	25〜100
ナタラーゼ	*Bacillus* 属細菌(遺伝子組換え菌)	5〜10	10〜60
BAN	*Bacillus* 属細菌(遺伝子組換え菌)	5〜8	15〜90
ファンガミル	*Aspergillus* 属かび	4〜7	15〜60

〔3〕 リパーゼ

リパーゼは,油脂成分中のトリアシルグリセロールを加水分解する酵素である。初めて洗剤に添加されたリパーゼはかびの *Thermomyces lanuginosus* から単離されたリポラーゼ®である。生産量が低いのが欠点だったが,麹菌を宿主とする高発現系が構築されたので商品化が可能となった。

「洗濯」という特殊な条件下で高いパフォーマンスを示す酵素を得るため,分子工学を用いてさまざまな改良が試みられている。例えば,立体構造情報を基に,96 位の Asp を Leu に置換することによって,20℃以下の低温でも高い活性を示す低温プロテアーゼ(リポラーゼ ウルトラ®)が得られた。

〔4〕 セルラーゼ

セルラーゼには β-1,4 グリコシド結合をエンド型に加水分解するエンドグルカナーゼとエキソ型に分解するエキソセロビオヒドロラーゼがある。また，基質特異性や至適反応条件がわずかに異なるアイソザイムが多数生産されることが知られている。木綿繊維に直接作用し，綿布の柔軟化，ミクロフィブリルに取り込まれた汚れの除去，綿衣料の鮮明化に効果がある。綿繊維は数回洗濯しただけでも繊維構造が損傷し古びてくるが，例えば，かびの *T. lanuginosus* 由来のセルラーゼ（セルザイム®）（図 3.20）を配合した洗剤で洗濯すると新品同様に修復される。

（a） セルラーゼ配合していない洗剤で，20回洗濯した後の綿繊維　　（b） セルラーゼを1%配合した洗剤で，20回洗濯した後の綿繊維

セルラーゼはセルザイム®を使用した。顕微鏡倍率はいずれも500倍

図 3.20 セルラーゼによる洗濯効果[3]

上記セルザイム®は，エキソ型およびエンド型セルラーゼの複数のアイソザイムからなる酵素剤である。それらの中から，洗剤用酵素として優れた性質を有するセルラーゼ（エンドグルカナーゼV）の遺伝子をクローニングして発現・商品化されたのが，ケアザイム®である。本酵素は非晶性セルロースである微細繊維を選択的に分解・除去し，色彩を鮮明化すると説明されている。繊維本体の結晶性セルロースには作用しにくいので，繊維を著しく損傷させることはない。

また，好アルカリ性 *Bacillus* 属細菌からのアルカリセルラーゼ（アルカリセルラーゼK®）は，エンドグルカナーゼが主成分で，非結晶領域のゲル状セ

ルロースをエンド型に加水分解することで，ゲル状構造に閉じ込められている汚れを外へ除去する機構が説明されている。

〔5〕 **マンナーゼ**

マンナーゼはガラクトマンナンの β-1,4 マンノース結合をエンド型に加水分解する酵素である。グアーガム（guar gum）のようなガラクトマンナンは食品や化粧品などの増粘剤・安定化剤として広く利用されている。木綿繊維の表面との親和性が高いので，グアーガムを含む汚れは落ちにくい。

好アルカリ性 *Bacillus* 属細菌由来のマンナーゼ（ヘミセルラーゼ）遺伝子を *B. licheniformis* を宿主として発現された酵素がマンナウェイ®（ノボザイム社とプロクター・アンド・ギャンブル社）で，例えば，バーベキューソースやアイスクリームなどの汚れを除去する効果があるとされている。

この他に，洗剤に添加する酵素として，ヘミセルラーゼ，ペルオキシダーゼ，ハロペルオキシダーゼ，ラッカーゼ，モノオキシゲナーゼ，ジオキシゲナーゼなどが検討されている。洗濯時の色移り（移染）の防止を目的として，担子菌 *Coprinus cinereus* からのペルオキシダーゼ（ガードザイム®）が商品化されているが，未だ洗剤には添加されていない。例えば，赤色と白色の衣類を一緒に洗濯すると白色のものがピンクに染まる。ペルオキシダーゼは，この移染を防ぐことができる。ペルオキシダーゼによる酸化脱色反応は，フェノール性あるいはアニリン系化合物の添加により著しく促進されることが見出されている。促進効果の高いものとして，p-ヒドロキシベンゼンスルホン酸，フェノチアジン-10-プロピオン酸が見出され，**図 3.21** の反応機構によって**メディエーター**（mediator）として基質から酵素への電子伝達に関与しているものと考えられている。

これまで解説した酵素は，主として繊維の洗濯に使用する洗剤用酵素であるが，欧米では一般的な自動食器洗浄機用の洗剤には，プロテアーゼとアミラーゼが添加されている。酵素を自動食器洗浄機用の洗剤に添加することで，洗浄温度を低く抑え，洗剤のアルカリ性を低下させるとともに洗剤の使用量を低く

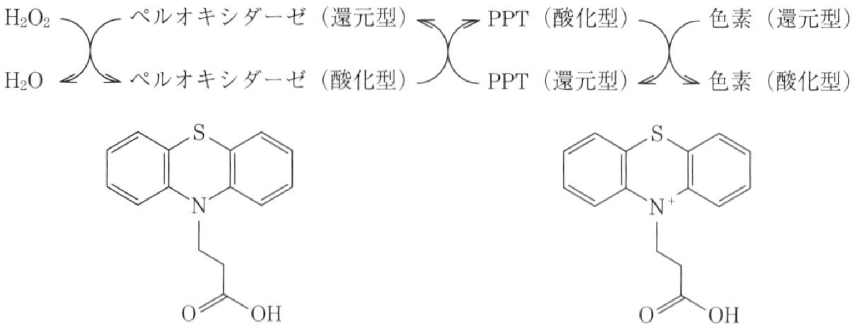

PPT（還元型）　　PPT（酸化型）

図 3.21　ペルオキシダーゼ・PPT による脱色反応構造
（PPT：フェノチアジン-10-プロピオン酸）

抑えることが可能となるので，環境への負荷の低減のためにも酵素の添加は必要不可欠である。

3.3.2　繊維加工用酵素

1990 年代から，繊維，特に天然系繊維の加工に酵素が使用されるようになった。**表 3.11** に酵素をまとめた。

表 3.11　繊維加工用酵素

酵　　素	基　質	適　応　例
アミラーゼ	アミロース	糊抜き
セルラーゼ	セルロース	バイオポリッシング
		リヨセル* の微細繊維除去
		デニムのストーンウォッシュ
ペクチナーゼ	ペクチン	綿の精錬
		靭皮の発酵精錬
カタラーゼ	過酸化水素	漂白
ラッカーゼ	メディエーター	漂白
	インディゴ	排出物処理
グルコースオキシダーゼ	グルコース	漂白
プロテアーゼ	タンパク質	ウールの精錬
	セリシン	絹の脱ガム
	セルラーゼ	デニムのストーンウォッシュ
ヘミセルラーゼ	ヘミセルロース	靭皮の発酵精錬
キシラナーゼ	リグニン	ジュートの加工

* リヨセル（Lyocell）：「ユーカリの木」を原料につくられている新素材。

3.3 化学工業での利用

〔1〕 **バイオポリッシング**（biopolishing）

バイオポリッシングと呼ばれるプロセスは，綿などのセルロース繊維の毛羽を除去し，毛玉の生成を抑制する。その結果，繊維表面がスムーズになり，自然な柔軟性が出てくるとともに，色彩の鮮明化をもたらすが，強度劣化という欠点がある。本プロセスには，かびの *Trichoderma reesei* 由来の酸性セルラーゼ（セルソフト®）などが使用されている。

〔2〕 **インジゴ漂白**

ブルーデニムをラッカーゼで処理すると，縦糸のインジゴ染料を分解・除去するが白色の横糸には作用しないので，従来の次亜塩素酸での脱色と比べて，自然な着古し感あるいはライトブルーの色調を出すことができる。坦子菌 *Trametes villosa* のラッカーゼ（デニライト®）にメディエーターとしてフェノチアジン-10-プロピオン酸を加え反応を行う酵素漂白法が2001年に開発された。

〔3〕 **バイオ精錬**（bioscouring）

木綿繊維の製造は図3.22に示すような工程からなり，**糊抜き**工程には α-アミラーゼが古くから用いられ，仕上げ加工にもセルラーゼ処理が急速に普及してきた。さらに，最近では精錬工程にも酵素法が用いられるようになった。α-アミラーゼとしては，麦芽，かび，膵臓由来の製剤も使用されているが，細

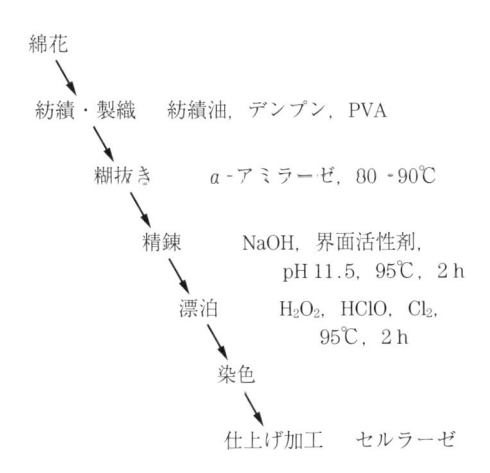

```
綿花
  ↓
紡績・製織    紡績油，デンプン，PVA
  ↓
糊抜き        α-アミラーゼ，80 - 90℃
  ↓
精錬          NaOH，界面活性剤，
              pH 11.5，95℃，2 h
  ↓
漂泊          H₂O₂，HClO，Cl₂，
              95℃，2 h
  ↓
染色
  ↓
仕上げ加工    セルラーゼ
```

図3.22 木綿繊維の製造工程[3]

菌性アミラーゼのほうが熱安定性に優れているため，一般的に使われている。

木綿繊維はクチクル層，網状層，ワインディング層からなる一次膜と，セルロースを主成分とし原形質を一部含む二次膜とからなる。一次膜はペクチン質，綿ろう，タンパク質などの不純物を多く含み，綿繊維の肌触りや染色性を高めるために，一次膜に含まれる不純物を取り除く精錬工程が必要である。この工程は，カセイソーダ，界面活性剤などを用いて強アルカリかつ高温下で行われている。しかし，作業環境，廃液処理などの問題点が多い。

従来法に代わり，ペクチナーゼ，プロテアーゼ，セルラーゼ，リパーゼなどの利用が検討された。その結果，ペクチナーゼ単独またはセルラーゼとの併用が最もよいことが明らかとなった。酵素の安価な供給や連続処理法の導入が可能となれば，実用化されるであろう。

綿繊維は染色の前に過酸化水素などで漂白させるが，漂白剤を除去するために，カタラーゼが用いられている。従来は還元剤で中和する方法が用いられてきたが，カタラーゼを使用することで，効率的な過酸化水素の除去が可能となった。また，繊維の漂白にも酵素を利用することが検討されている。例えば，糊抜き工程で生成するグルコースを利用し，グルコースオキシダーゼによって過酸化水素を発生させる方法がある。

生糸はフィブロインからなる硬タンパク質の外側に，セリシンからなるゴム状タンパク質が被覆した構造になっている。絹を均一に染色するためには，セリシンをはじめとするロウ質物質，炭化水素，色素，無機物などを除去する精錬工程が必要である。セリシンの除去には石けんや炭酸ナトリウム，アルカリ溶液などが用いられているが，高温処理するため，繊維表面に損傷を与える。アルカリプロテアーゼまたはリパーゼとの併用で，フィブロインにはダメージを与えずセリシンの除去が可能である。絹の精錬用酵素としてアルカラーゼ®が商品化され，中国では工業的に用いられている。

3.3.3　紙・パルプ関連酵素

紙・パルプ加工に利用されている酵素の一覧を表3.12にまとめた。紙・パ

3.3 化学工業での利用

表 3.12　紙・パルプ加工用酵素

成分	酵素	物理化学的修飾
セルロース	セロビオヒドロラーゼ	超微小繊維化
	エンドグルカナーゼ	解重合
	セルラーゼ	解重合
キシラン	エンドキシラナーゼ	解重合
グルコマンナン	エンドマンナーゼ	解重合
		コロイド安定性の減少
	アセチルグルコマンナンエステラーゼ	グルコマンナンの不溶化
ペクチン	ポリガラクチュロナーゼ	解重合
	ガラクタナーゼ	ガラクタンの解重合
リグニン	ラッカーゼ	重合
	ラッカーゼメディエーター/マンガンペルオキシダーゼ	解重合
抽出物	リパーゼ	繊維の親水性化
バイオフィルム,タンパク質と多糖	複合酵素	解重合

ルプ加工用酵素に求められる条件は以下の4点である。

(1) 酵素を利用する経済的な効果が明らかである。
(2) 原料の品質と加工が維持または改善される。
(3) 現在の加工工程に大幅な変更をもたらさない。
(4) 加工用に大量で安価な酵素の供給が可能である。

〔1〕　パルプ漂白

パルプの漂白は，着色の原因となっているリグニンを取り除くことにあり，製紙工程の中で最も重要な部分である。パルプの化学的漂白は塩素，次亜塩素酸，二酸化塩素などの塩素系化合物を用いてリグニンを除去している。塩素系化合物の使用はダイオキシンの発生を誘発するといわれており，化学的な方法に代わる酵素法が望まれている。

キシラナーゼを用いたパルプ漂白が工業的に用いられている。キシラナーゼはリグニンに直接作用して分解するのではなく，リグニンとキシランの結合部位にキシラナーゼが作用した結果リグニンを遊離する，あるいはアルカリ蒸解後に繊維表面に再吸着したキシランに作用するといった間接的な作用であると考えられている。その結果，塩素の浸透が容易になり，漂白に使用する塩素の使用量を大幅に低下させることが可能である。市販酵素としては耐アルカリ性

耐熱性細菌由来のキシラナーゼ（パルプザイム®HC），また，*Bacillus* 属のキシラナーゼを利用した漂白工程が実用化されており，環境保全に貢献している。

さらに，マンナーゼを用いた漂白法も一部のパルプに限定されるが実用化されており，ラッカーゼ-メディエーター系あるいは Mn ペルオキシダーゼを用いたリグニンの直接分解法も現在検討されているが，実用化には至っていない。

〔2〕 ピッチコントロール

アカマツに代表されるように原木は樹脂（ピッチ）を含むため，製紙工程でいろいろなトラブルを起こす。トラブルを防ぐ方法として，原木を長期間屋外に積み上げて樹脂を分解するシーズニング法，微粒の金属化合物，界面活性剤の添加によりピッチを吸着，分散させる化学的な方法があり，両者は併用されている。

シーズニング法は貯蔵中に木材にかびや細菌が生育し，ピッチを分解する働きを利用したものである。油脂成分中のトリアシルグリセロールをリパーゼによって分解する酵素法が開発されており，レジナーゼ®が実用的に用いられている。

〔3〕 紙のリサイクル使用

資源の有効利用，省エネルギー，森林保全の観点から，紙のリサイクル運動が促進されている。回収した紙のインクを除去することは必須であり，アルカリ薬品と洗剤を併用した化学法が採用されている。脱インキには大量の過酸化水素を使用するので，セルラーゼやリパーゼなどの酵素を用いた脱インキ法が検討されている。

3.3.4 飼料用酵素

家畜の消化酵素を補う目的で，飼料中にさまざまな酵素が添加されている。ニワトリとブタは，食物繊維を分解する酵素をもたない。大麦，小麦，ライ麦などの主要穀物にはセルラーゼ，ヘミセルラーゼ，α-アミラーゼ，ペクチナーゼが，ダイズ，ナタネ，エンドウには主としてプロテアーゼ，セルラーゼが用いられている。

〔1〕 **キシラナーゼ・β-グルカナーゼ**

キシラナーゼとしては *Trichoderma* や *Aspergillus* などのかび，β-グルカナーゼとしては *Trichoderma* や *Aspergillus* などのかびと *Bacillus* 属細菌由来の酵素が飼料用として市販されており，ブタやブロイラーの単位飼料当りの重量増加効果が認められている。

〔2〕 **フィターゼ**（phytase）

myo-inositol hexakis-dihydrogenphosphate はフィチン酸（phytic acid）とも呼ばれ，穀物，豆類の有機リンの貯蔵物質としての役割を果たしている。胃を一つしかもたない動物ではフィチン酸を完全に分解できないため，以下の理由で飼料中には好ましくない化合物である。

(1)　摂取してもリン酸の供給源とならない。
(2)　フィチン酸骨格のイノシトールも利用されない。
(3)　亜鉛，鉄，カルシウム，マグネシウムなどの必須金属と結合するので，腸内でのこれら元素の吸収が減少する。

ブタやニワトリのリン欠乏症を防ぐため，無機リン酸塩が飼料に添加されているが，過剰添加されやすく，未消化のフィチン酸とともに環境に富栄養化現象をもたらす。フィターゼはフィチン酸を加水分解してオルトリン酸と *myo*-イノシトールを生成する反応を触媒する。飼料中にフィターゼを添加してフィチン酸を分解することにより飼料からの栄養素の摂取効率が増加し，上記の問題が軽減されると考えられる。現在 *Aspergillus niger* や麹菌由来のフィターゼが飼料に添加されており，リンおよびカルシウムの消化率の向上がブタで報告されている。

〔3〕 **プロテアーゼ**

飼料用酵素としてはペプチダーゼファミリー（EC 3.4群）の酵素が利用されている。最もよく用いられているのは *Bacillus* 由来のセリンプロテアーゼであるサブチリシンである。この他バチロリシン，アスペルギロペプシン，オリジンなどがある。これらプロテアーゼは単独で使用されることはなく，キシラナーゼやβ-グルカナーゼなど他の酵素と併用される。例えばダイズにはレ

クチンやプロテアーゼ阻害剤が含まれており，抗栄養素（antinutrient factor）として作用し栄養の消化を妨げている。プロテアーゼによって，タンパク質をペプチドまたはアミノ酸に分解することによって，容易に吸収できるようになる。

〔4〕 アミラーゼ

トウモロコシを主成分とする飼料に添加され，糖の消化を助ける。トウモロコシはその品種により消化可能な糖にばらつきがあり，予想以上に糖の消化率が悪いことが明らかになった。プロテアーゼ，キシラナーゼなどとの併用により，トウモロコシを飼料として与えたブタの体重増加が認められている。

3.3.5 有機合成への応用

有機合成の触媒として酵素を用いる研究が盛んに行われた結果，医薬や農薬の工業生産に実際に利用される例が数多く報告されるようになった。ここでは，工業生産プロセスにつながった代表的な応用例を紹介する。**表 3.13** に示すように，日本の企業がこの分野をリードしていることがわかる。

繰り返しになるが，まえがきでも述べたとおり，酵素反応あるいは生体触媒

表 3.13 生体触媒を用いた物質変換の工業化例

生 成 物	生体触媒	工業化を開始した年	企 業 名
食酢	細菌	1823	複数
L-2-メチルアミノ-1-フェニルプロパン-1-オール	酵母	1930	クノール
L-ソルボース	Acetobacter suboxydans	1934	複数
プレドニゾロン	Arthrobacter simplex	1955	シェーリング
L-アスパラギン酸	大腸菌	1958	田辺製薬
7-ADCA	Bacillus megaterium	1970	旭化成
L-リンゴ酸	Brevibacterium ammoniagenes	1974	田辺製薬
D-p-ヒドロキシフェニルグリシン	Pseudomonas striata	1983	鐘淵化学（現カネカ*）
アクリルアミド	Rhodococcus 属細菌	1985	日東化学（現三菱レイヨン*）
D-アスパラギン酸	Pseudomonas dacunhae	1988	田辺製薬
L-カルニチン	Agrobacterium 属細菌	1993	ロンザ
2-ケト-L-グロン酸	Acetobacter 属細菌	1999	BASF

* 本書編集当時。

反応を通常の有機化学反応と比較すると，触媒としての酵素の特長としては，常温常圧・中性 pH 領域などの穏和な条件で高い触媒活性を示すこと，反応の特異性（立体選択性や位置特異性など）がきわめて高いことが挙げられる。したがって，既存の有機合成プロセスに酵素を用いることで，反応の副生成物が少なく収率が向上し，生成物の単離・回収コストを低下させることが可能になるとともに，有害物質の使用量や二酸化炭素の排出量が低いなど，環境調和型プロセスを構築することが可能になる。

酵素が物質変換反応の触媒として広く認められるに至ったのは，微生物によるステロイドの合成・変換に始まると考えられ，1970 年代中ごろ以降，生体触媒を用いた物質変換反応はファインケミカル工業分野で確立された技術として認められている。以下に示した四つのテクノロジーの進歩が大きなインパクトを与えている。

(1) 工業的スケールで微生物の細胞から酵素を単離する技術
(2) 酵素の固定化による安定性の向上
(3) 有機溶媒中での酵素反応
(4) 組換え DNA 技術を用いた酵素の大量生産と機能改変

〔1〕 D-アミノ酸の合成

D-アミノ酸は微生物，植物をはじめ哺乳動物にも存在し，多様な生理機能を果たしていることが近年明らかにされてきた。また，D-アミノ酸含有化合物の多くが，それぞれ特異的な生理活性をもつ点にも関心が寄せられており，医薬，農薬，甘味料の合成中間体として D-アミノ酸は工業的にも重要な化合物である。例えば，β-ラクタム系抗生物質の一つであるアモキシシリンは，D-p-ヒドロキシフェニルグリシンと 6-アミノペニシラン酸（6-APA）の酵素的縮合反応によって工業生産されている。

従来，D-アミノ酸の合成は，ラセミ型アミノ酸を分別晶析する化学法によって行われていたが，収率が低い，高濃度のものがつくれない，コスト高であるなどの難点があった。山田らは，5 位置換ヒダントインを出発物質として N-カルバモイル-D-アミノ酸を中間体として経由する効率的な D-アミノ酸の

124　3. 酵素の応用

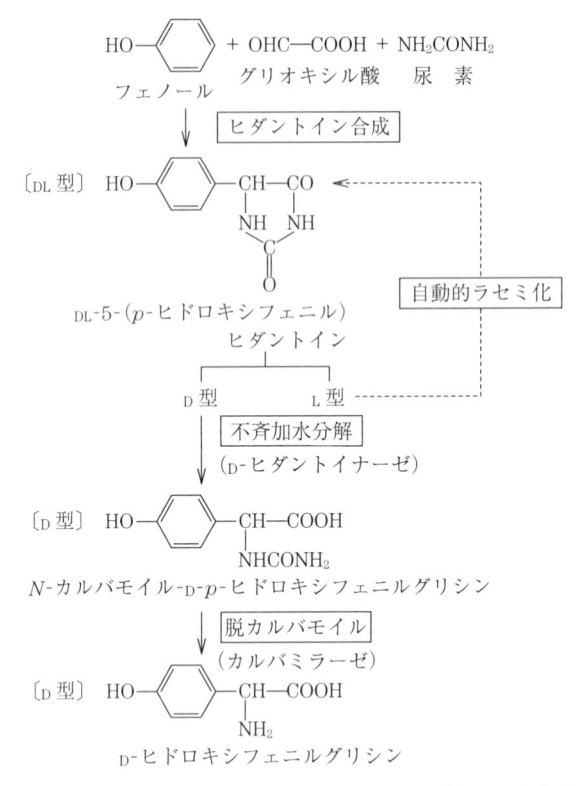

図 3.23　酵素法による D-ヒドロキシフェニルグリシン合成[12]

製造法を確立した（**図 3.23**）。この製造法ではヒダントイナーゼとカルバミラーゼの 2 種類の酵素が用いられている。

（a）**D-ヒダントイナーゼ**　動物におけるヒダントイン系抗けいれん薬の代謝研究にヒントを得て，DL-5-(2-メチルチオエチル)ヒダントインを基質として用い，微生物を対象としてスクリーニングを行った結果，細菌，放線菌などに広くヒダントイナーゼが見出され，ほとんどの菌株が N-カルバモイル-D-メチオニンを生成した。*Pseudomonas striata* の菌体抽出液から高活性のヒダントイナーゼを精製して諸性質を調べた結果，ジヒドロウラシルが最もよい基質で，動物酵素と同様にジヒドロピリミジナーゼであることが明らかになった。

3.3 化学工業での利用

　P. striata の D-ヒダントイナーゼを用いて，アモキシシリンの構成成分として有用な D-*p*-ヒドロキシフェニルグリシンの合成研究が行われた結果，DL-5-(*p*-ヒドロキシフェニル)ヒダントインを基質として加水分解反応を行う際に，pH をアルカリ側に保つと未反応の L 体が自動的にラセミ化され，結果的に *N*-カルバミル-D-*p*-ヒドロキシフェニルグリシンに 100 ％変換された。

（**b**）**カルバミラーゼ**　　*N*-カルバモイル-D-*p*-ヒドロキシフェニルグリシンの脱カルバモイル化反応についても酵素法が検討された。脱カルバモイル活性を示す細菌が見出され，カルバミラーゼはいずれも D-体の基質に特異的に作用することが明らかになった。工業的スケールで酵素を利用するにあたり，*Agrobacterium* 由来のカルバミラーゼを対象として，変異導入による耐熱性の改良が行われた結果，3 箇所のアミノ酸残基を置換することによって，耐熱性を著しく向上させることに成功した。変異型酵素は天然型酵素に比べて K_m 値がやや上昇し，V_{max} も少し低下しているが，実用上には問題ないことが確認されている（**図 3.24**）。

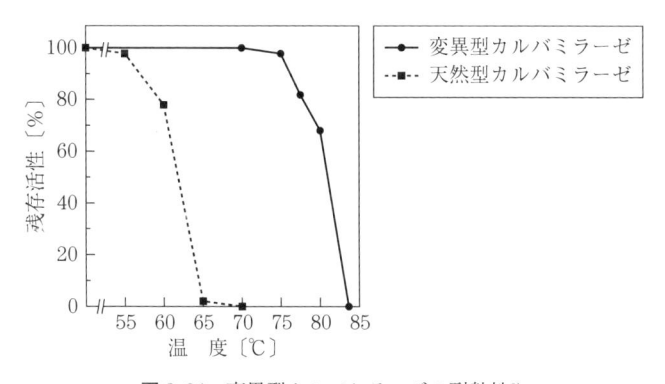

図 3.24　変異型カルバミラーゼの耐熱性[3)]
（熱処理時間：10 分間，pH 7.0）

　固定化菌体あるいは固定化酵素内蔵のバイオリアクターを用いて，図 3.23 に示したスキームで D-*p*-ヒドロキシフェニルグリシンの工業的生産が行われている。生成物の D-*p*-ヒドロキシフェニルグリシンは，ペニシリンアミダーゼの作用によりペニシリン骨格 6-APA と縮合してアモキシシリンがつくられ

る。アモキシシリンは，広い抗菌スペクトルが特徴で，臨床適用が広く，大型商品になっている。なお，工業化にあたり，基質が安価に供給可能になったことも重要なポイントである。

さらに，D-ヒダントイナーゼは基質特異性が広く，D-フェニルグリシン類の他に，D-チエニルグリシン，D-フェニルアラニン，D-バリン，D-アラニンなどのD-アミノ酸の合成にも応用できる。

〔2〕 **アクリルアミド，ニコチン酸アミドの生産**

アクリルアミドはビニル系ポリマーの原料モノマーであるとともに，古紙再生時の紙力増強剤，廃液処理における凝集剤などにも用いられている大量生産型コモディティケミカル（汎用化学品）であり，従来は金属触媒を用いる水和法で合成されていた（図3.25）。

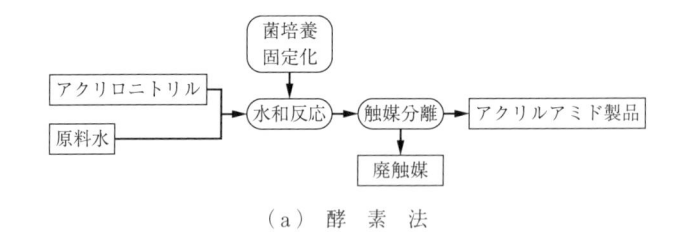

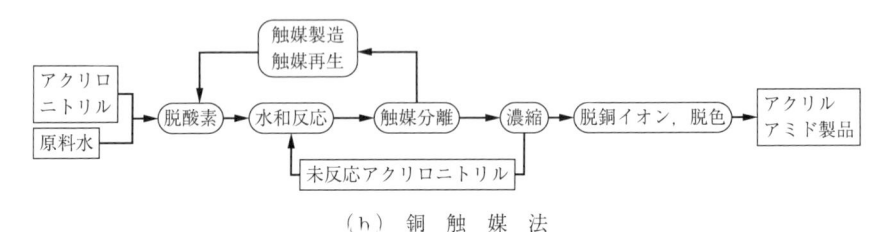

図3.25 酵素法と銅触媒法によるアクリルアミド生産プロセスの比較

アセトニトリルからアセトアミドを生成するニトリルヒドラターゼが細菌から見出されたことを契機に，アクリロニトリルからアクリルアミドの合成に応用すべく，さまざまな微生物のスクリーニングが行われた。アクリロニトリルおよびアクリルアミドに対して強い耐性を示し，反応時に高濃度のアクリロニトリルを添加できると同時に，高いアクリルアミドの生産蓄積が認められる

Rhodococcus rhodochrous J1株が見出され，工業的生産に用いられている。*R. rhodochrous* J1株は2種類のニトリルヒドラターゼ（H型とL型）を生産しており，アクリルアミドの生産には，コバルトイオンと尿素の添加によって誘導される分子量520 kDaの酵素（H型）が用いられる。

一方，**ニコチン酸アミド**は3-シアノピリジンを基質として，コバルトイオンとクロトンアミドを添加して誘導される *R. rhodochrous* J1株のH型とL型（分子量130 kDa）両方のニトリルヒドラターゼによって工業的規模で合成されている（図3.26）。

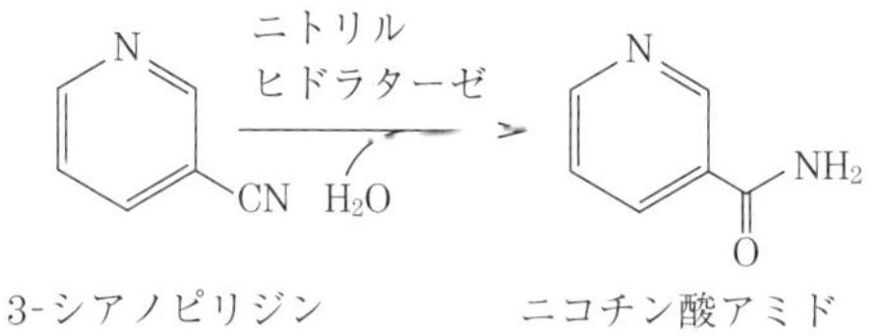

図3.26 酵素法によるニコチン酸アミド合成

ニコチン酸アミドは水溶性ビタミンのナイアシンであり，生体内でNAD$^+$，NADP$^+$に生合成され，種々の脱水素酵素の補酵素として酸化還元反応に関与する。ニコチン酸欠乏症（ペラグラ）との関係の深い多くの皮膚疾患の治療に用いられている。

〔3〕 L-ドーパの生産

L-ドーパは脳内神経伝達物質やホルモンとして作用するドーパミンやアドレナリンなどの生合成前駆体であり，ドーパミンおよびその合成酵素系の低下に起因するパーキンソン病の治療薬として利用されているアミノ酸である。L-ドーパは，ピリドキサールリン酸（PLP）を補酵素とするβ-チロシナーゼを触媒として，ピロカテコール，ピルビン酸，およびアンモニアを脱水縮合する酵素的合成法で工業的生産がなされている（図3.27）。原料であるピロカテコール，ピルビン酸の供給が容易になったことがL-ドーパの実用生産に大きなインパクトを与えた。さらに，L-ドーパは溶解度が低く，結晶として析出しやすい性質を利用して，生成物を沈殿させることにより反応平衡を合成側に傾けることができた。

ピロカテコール　ピルビン酸

L-ドーパ

図 3.27　酵素法による L-ドーパ合成

〔4〕 D-パントテン酸の生産

D-パントテン酸は CoA の構成成分で，医薬品，飼料添加物として用いられている。現在，D-パントテン酸は DL-パントラクトンを酵素的に不斉加水分解して得られる D-パントラクトンを，β-アラニンと化学的に縮合させる方法によって生産されている（図 3.28）。

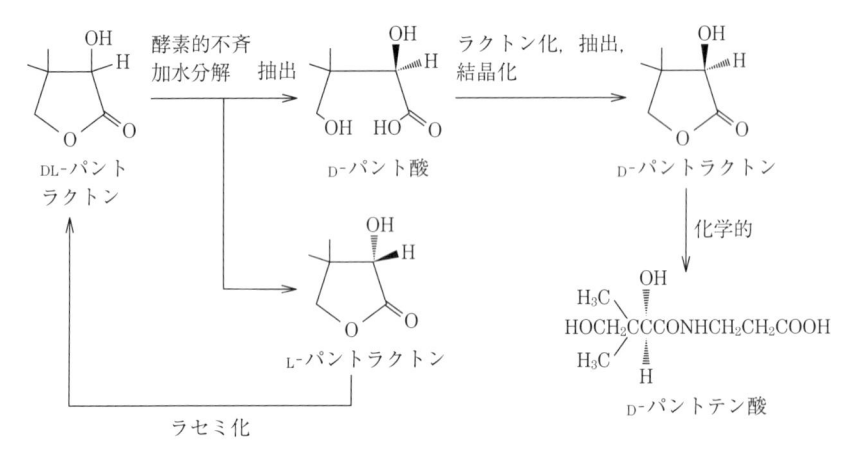

図 3.28　ラクトナーゼによる DL-パントラクトンの光学分割と
　　　　　D-パントテン酸の合成ルート[12]

DL-パントラクトンの不斉加水分解反応には，かび *Fusarium oxysporum* 由来の D-パントラクトンに特異的に作用するラクトナーゼが用いられている。DL-パントラクトンに酵素を作用させて D-パント酸を生成させた後，未反応のL-パントラクトンを除去し，残存する D-パント酸を再ラクトン化し，溶媒抽

出・結晶化によって D-パントラクトンを得る。分割した L-パントラクトンは化学的にラセミ化して次回の基質として使用することが可能である。アルギン酸カルシウムゲルに固定化した *F. oxysporum* の菌体が，工業生産のための生体触媒として用いられている。

〔5〕 光学活性アルコールの生産

NADH または NADPH を補酵素とするアルコールデヒドロゲナーゼや還元酵素を用いたカルボニル基の不斉還元反応によって，さまざまな**光学活性アルコール**の工業生産が行われている。

光学活性化合物を生産するプロセスにおいて，古くから用いられてきた方法の一つとして，枠内トピックスに示すキラルビルディングブロックを利用する方法がある。

キラルビルディングとしての光学活性アルコール類の生産については古くから多くの研究がなされてきた。特に，入手が容易な市販パン酵母を用いたプロキラルなカルボニル化合物からのさまざまな光学活性アルコール類の生産に関する研究は，生化学・有機化学を問わず現在でも盛んに行われている。パン酵母中にはさまざまな還元酵素が存在しており，さまざまなカルボニル化合物に対して活性を示す。場合によっては，一つの基質に対して複数の酵素が作用して，さまざまな立体選択性を伴って還元する。したがって，生成するアルコール類の光学純度を高めるためには，反応条件を整えるなどの工夫が必要となってくる。

一方，目的とする反応ごとに最適な特異性を有する酵素を探し出すことができれば，組換え DNA の手法を用いて目的とする光学活性アルコールだけが合成されるような生体触媒を構築することができる。さらに，補酵素の再生系酵

キラルビルディングブロック

キラルシントン，光学活性合成素子とも呼ばれる。不斉中心を有する低分子量化合物で，天然物・生理活性物質などの分子内に不斉中心を有する光学活性な化合物を合成する際の合成素子として用いられる。

素を同じ細胞内で共発現させることによって，より変換効率の高い生体触媒に育種することが可能となる。

このような方法の一例として，酵母 *Candida magnoliae* 由来の還元酵素を用いた4-クロロ-3-オキソ酪酸エチル（COBE）から（S)-4-クロロ-3-ヒドロキシ酪酸エチル（(S)-CHBE）の合成プロセスがある。(S)-CHBE はヒドロキシメチル CoA 還元酵素阻害剤などの合成原料として有用な光学活性アルコールである。*C. magnoliae* には COBE に作用する還元酵素が少なくとも4種類存在しており，それぞれの酵素の立体選択性は大きく異なる。したがって，菌体を触媒として用いた場合，生成物の光学純度は必ずしも高くない。そこで，目的とする還元酵素遺伝子をクローニングした組換え体大腸菌を用いることで，期待どおりの光学純度をもつ CHBE の合成が可能となった。さらに，補酵素である NADPH の再生系酵素として *B. megaterium* 由来のグルコースデヒドロゲナーゼ（GDH）遺伝子を共発現させた大腸菌を用いることによって，反応時間の短縮と収量の増加などの改良が認められた（図 3.29）。還元酵素と GDH が近い場所にあるため還元反応と補酵素再生反応の共役が効率よく起こっているためと考えられる。さらに，n-酢酸ブチルを有機溶媒相に用いた水-有機溶媒二相系反応を導入することによって，収率のさらなる上昇が認められた。基質 COBE と生成物 CHBE のほとんどは有機相に存在し，一部水

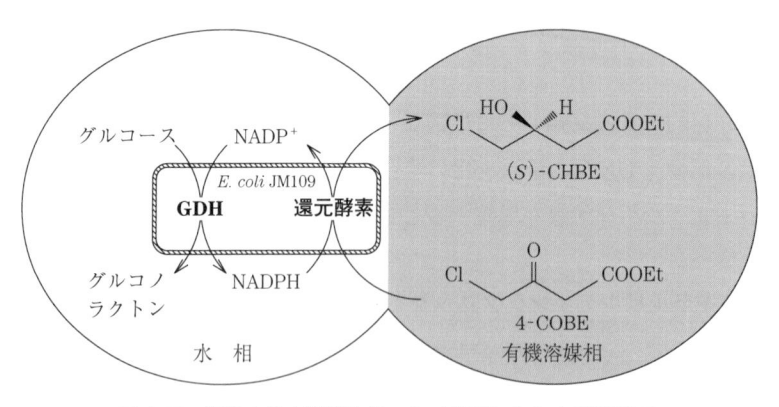

図 3.29　組換え体大腸菌を用いた二相系による 4-COBE の立体特異的還元スキーム

相に移動した基質が酵素反応の基質になるため，基質と生成物による酵素の失活や阻害が最小限に抑えられるためと考えられる。

このように，**補酵素再生系**を保持する組換え体大腸菌にさまざまなカルボニル還元酵素またはアルデヒド還元酵素遺伝子を導入することで，多様な光学活性アルコールの合成が可能となる。例えば，酵母 *Sporobolomyces salmonicolor* 由来のアルデヒド還元酵素は，COBE を還元して (R)-CHBE を 100% *e.e.* (enantiomeric excess，鏡像異性体過剰率（枠内トピックス参照）) で生成する。本酵素遺伝子と上述の GDH 遺伝子を共発現させた組換え体大腸菌を構築し，水-有機溶媒二相系反応に添加することによって，4,4,4-トリフルオロアセト酢酸エチルエステルから，抗鬱剤として開発中のモノアミン酸化酵素-Λ 阻害剤ベフロキサトンの合成原料である (R)-4,4,4-トリフルオロヒドロキシ酪酸エチルエステルを 99% *e.e.* で合成するプロセスが工業化されている（図 3.30）。

補酵素 NADH の再生系としては，GDH だけではなく，ギ酸から二酸化炭素を生成するギ酸デヒドロゲナーゼも用いられる。

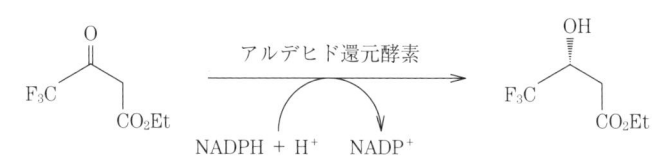

図 3.30 酵素法による *R*-4,4,4-トリフルオロヒドロキシ酪酸エチルエステル合成

鏡像異性体過剰率（*e.e.*）

鏡像異性体どうしの混合している割合を示す尺度の一つで，光学純度とほぼ等しい意味をもつ。鏡像異性体どうしのそれぞれの濃度を $[R]$ および $[S]$ とすると，鏡像異性体過剰率は次式で求められる。

$$e.e.\,[\%] = \frac{|[R]-[S]|}{[R]+[S]} \times 100$$

3.4 分析・計測への利用

分析・計測分野において，臨床分析または食品分析における基質または阻害剤の定量分析，あるいは酵素活性の定量のためのツールとして酵素は用いられている。臨床分析項目のほとんどは化学的方法で測定されていたが，1970年代半ばから酵素的測定方法が驚異的に採用されるようになった。いうまでもなく，酵素を用いる分析法の最大の特徴はその特異性にある。臨床検査における検体は血液，尿などの体液であり，複雑な成分からなっている。これらを化学的に分析するためには，非特異的な反応をなくすために分離や抽出などの複雑な操作が必要であり，濃硫酸や重金属イオンなど，環境上好ましくない試薬が使われていた。これに対し，酵素法は前処理なしにそのまま反応させても精度よく，安全に測定することができる。本章では，目的物質の定量分析，酵素活性の測定，センサー，免疫分析法への酵素の利用技術について述べる。

3.4.1 目的物質の定量分析

定量分析では，目的とする物質に対して特異的に作用するオキシダーゼ反応を行い，生成する過酸化水素をペルオキシダーゼ共役系で発色させて比色する方法が一般的に用いられるが，目的とする物質に対して特異的に作用するデヒドロゲナーゼ反応を行い，補酵素 $NAD(P)^+$ の変化を紫外部吸収で定量する場合もある。定量分析に用いられる酵素は，以下のような性質を有することが必要である。

(1) 測定物質に特異的に作用する。
(2) 基質親和性が高い（K_m 値が低い）。
(3) 高純度であり副反応を示さない。
(4) 安定性が高い。
(5) 発色系の酵素とよく共役して反応が進む。
(6) 最適 pH が測定する試料の pH に近い。
(7) 反応液によく溶ける。

酵素分析法は原理的に**エンドポイント法**と**初速度法**に分類される。エンドポイント法は，図 3.31（a）に示すとおり，反応開始時 t_0 における生成物吸光度 A_0，酵素反応が平衡に達した点 t_n における生成物吸光度 A_n とすると，吸光度変化 $A_n - A_0$ は基質の変化量と比例することから算出する測定方法である。一般的に K_m 値が低い酵素が適している。一方，初速度法では，図（b）に示すとおり反応速度 v は基質濃度 $[S]$ に比例するとして，その酵素反応の速度の大きさから基質濃度を算出する方法で，K_m 値が大きい酵素で，基質濃度は K_m 値の 1/100 以下が望ましい。エンドポイント法では反応が完了するのにある程度の時間が必要になり，自動分析機の普及に伴い，初速度法が汎用される傾向にある。

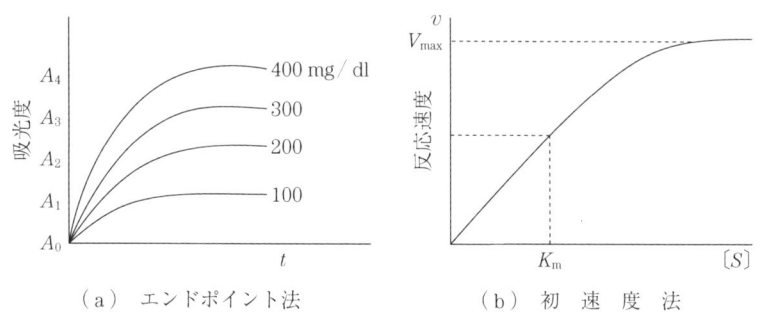

（a） エンドポイント法　　　（b） 初速度法

図 3.31　酵素分析法の動力学的背景[12]

臨床分析で酵素法が用いられている検査項目を**表 3.14** にまとめた。過酸化水素・ペルオキシダーゼ系酵素法において用いられる最も基本的な呈色反応は，水素供与体としてフェノールと 4-アミノアンチピリンを用いて生成する赤色キノン色素の量を A_{500} で測定する方法（**図 3.32**）であるが，フェノール以外にも**表 3.15** に示す水素供与体が用いられる。ペルオキシダーゼの水素供与体に対する基質特異性が低いので，目的物質の濃度の差異によって分析感度を変化させることが可能である。例えば，比較的低濃度であるクレアチンや尿素の定量にはモル吸光係数が高い TOOS や EMSE などが使用され，比較的高濃度であるグルコースや総コレステロールではモル吸光係数の低いフェノールや

表 3.14 酵素法が用いられている代表的検査項目（浦山　修　他：臨床検査学講座 臨床化学検査学　第 2 版，医歯薬出版（2006）より転載）

（a）　過酸化水素・ペルオキシダーゼ系

検査項目	用いられている酵素*
グルコース	ムタロターゼ・グルコースオキシダーゼ
総コレステロール	コレステロールエステラーゼ・コレステロールオキシダーゼ
LDL-コレステロール	コレステロールエステラーゼ・コレステロールオキシダーゼ
HDL-コレステロール	コレステロールエステラーゼ・コレステロールオキシダーゼ
トリアシルグリセロール	リポプロテインリパーゼ・グリセロキナーゼ・グリセロール-3-リン酸オキシダーゼ
リン脂質	ホスホリパーゼ D・コリンオキシダーゼ
遊離脂肪酸	アシル CoA シンターゼ・アシル CoA オキシダーゼ
尿酸	ウリカーゼ（尿酸オキシダーゼ）
クレアチニン	クレアチニナーゼ・クレアチナーゼ・サルコシンオキシダーゼ
クレアチン	クレアチナーゼ・サルコシンオキシダーゼ
無機リン	プリンヌクレオシドホスホリラーゼ・キサンチンオキシダーゼ

* 使用する酵素は目的成分に作用する順に記載し，また共通に使用しているペルオキシダーゼは省略した．また，過酸化水素を生成するオキシダーゼはアンダーラインで表示した．

（b）　NAD(P)H 系

検査項目	検出系に利用される脱水素酵素	増加/減少[*1]	エンドポイント法/初速度法
LD（乳酸基質）[*2]	乳酸デヒドロゲナーゼ	増加	初速度法
LD（ピルビン酸基質）[*2]	乳酸デヒドロゲナーゼ	減少	初速度法
AST	リンゴ酸デヒドロゲナーゼ	減少	初速度法
ALT	乳酸デヒドロゲナーゼ	減少	初速度法
CK	グルコース-6-リン酸デヒドロゲナーゼ	増加	初速度法
尿素窒素	グルタミン酸デヒドロゲナーゼ	減少	初速度法
マグネシウム	グルコース-6-リン酸デヒドロゲナーゼ	増加	初速度法
グルコース	グルコース-6-リン酸デヒドロゲナーゼ	増加	エンドポイント法

[*1] NAD(P)H の増加反応および減少反応のどちらが用いられているのかを示している．
[*2] LD の場合は，検出系に利用されるデヒドロゲナーゼそのものが目的成分となる．また試薬として酵素が用いられていないが，同一の検出系を利用しているため，この酵素法のなかに含めるものとする．

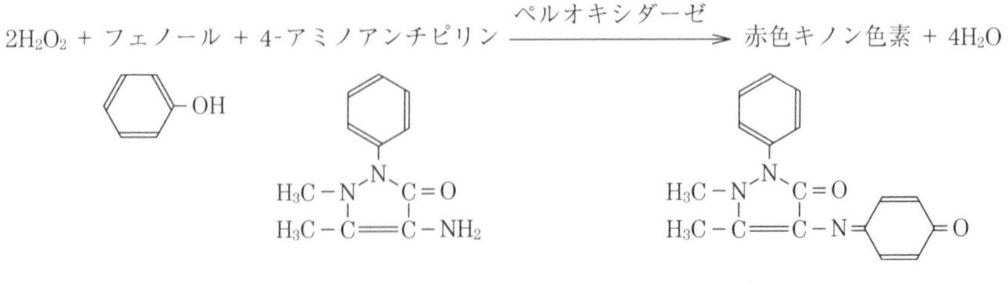

$$2H_2O_2 + \text{フェノール} + 4\text{-アミノアンチピリン} \xrightarrow{\text{ペルオキシダーゼ}} \text{赤色キノン色素} + 4H_2O$$

図 3.32　過酸化水素・ペルオキシダーゼ系呈色反応の原理

表 3.15 代表的水素供与体の特性（浦山 修 他：臨床検査学講座 臨床化学検査学 第 2 版，医歯薬出版（2006）より転載）

水素供与体	極大吸収波長〔nm〕	モル吸光係数〔$mol^{-1} \cdot cm^{-1}$〕
フェノール	500	6.5×10^3 (1.0)
N-エチル-N-(2-ヒドロキシ-3-スルホプロピル)-m-トルイジンナトリウム（TOOS）	555	2.0×10^4 (3.1)
N-エチル-N-(3-メチルフェニル)-N-サクシニルエチレンジアミン（EMSE）	555	1.7×10^4 (2.6)
N-エチル-N-(2-ヒドロキシ-3-スルホプロピル)-3,5-ジメトキシアニリン（DAOS）	593	8.8×10^3 (1.3)
N-スルホプロピル-3,5-ジメトキシアニリン（HDAOS）	583	8.7×10^3 (1.3)

* （　）内はフェノールのモル吸光係数を 1.0 としたときの相対値。

DAOS が用いられている。

デヒドロゲナーゼ系酵素法では，NAD(P)H を補酵素として用いる場合が多い。デヒドロゲナーゼ系酵素法が用いられている代表的な検査項目を表 3.14（b）にまとめた。NAD(P)$^+$ は 340 nm に吸収がないが，還元型である NAD(P)H は 340 nm に吸収極大をもつので，NAD(P)H の増加または減少を測定する。

以下，酵素法によって測定される物質の測定方法の原理と特徴を述べる。

〔1〕 **グルコース**

グルコースは生体エネルギー源として利用されており，空腹時血中グルコース濃度が 126 mg/dl 以上の場合，糖尿病と診断される。グルコースオキシダーゼ法とヘキソキナーゼ・グルコース 6-リン酸デヒドロゲナーゼ法があるが，主として前者が用いられている。ムタロターゼを加えて α-D-グルコースを β-D-グルコースに変換してから測定する。

$$\alpha\text{-D-グルコース} \xrightarrow{\text{ムタロターゼ}} \beta\text{-D-グルコース}$$

$$\beta\text{-D-グルコース} + O_2 \xrightarrow{\text{グルコースオキシダーゼ}} \delta\text{-D-グルコノラクトン} + H_2O_2$$

〔2〕 **コレステロール**

コレステロールの定量は動脈硬化や血栓症を診断するうえで重要な検査項目である。血中コレステロールは，主として低比重リポタンパク質（LDL）と高比重リポタンパク質（HDL）中に存在し，約 2/3 がエステル型で，約 1/3

が遊離型である。エステル型コレステロールをコレステロールエステラーゼで加水分解したのち，コレステロールオキシダーゼを使用することで，血清総コレステロールを測定することが可能である。

一方，エステル型コレステロールを加水分解せずコレステロールオキシダーゼを使用すれば遊離型コレステロールを分別測定することが可能である。特殊な界面活性剤を使用することによりLDLコレステロールとHDLコレステロールを直接測定する方法も開発され，自動分析装置に応用されている。

〔3〕 **トリアシルグリセロール（TAG）**

トリアシルグリセロールは脂肪組織の主成分としてエネルギー貯蔵にあずかっている。TAGの他に，ジアシルグリセロールとモノアシルグリセロールを合わせて中性脂肪と総称する。中性脂肪はコレステロールと並んで生活習慣病領域における必須の検査項目である。リポプロテインリパーゼ（LPL）を作用させてグリセリンを遊離させる。このグリセロールをグリセロールキナーゼ（GK）あるいはグリセロールデヒドロゲナーゼ（GDH）またはグリセロール-3-リン酸オキシダーゼ（GPO）を用いて分析する方法である。いずれも，血清中に存在するグリセロールをあらかじめ消去する必要がある。遊離のグリセロールにGK，GPOを作用させて生成した過酸化水素をカタラーゼで消去した後，LPLを添加する。中性脂肪由来のグリセロールから生成する過酸化水素がカタラーゼによって分解しないようにアジ化ナトリウムのようなカタラーゼ阻害剤を添加するのが一般的である。

$$\text{トリアシルグリセロール} + 3H_2O \xrightarrow{\text{LPL}} \text{グリセロール} + 3\text{脂肪酸}$$

$$\text{グリセロール} + ATP \xrightarrow{\text{GK}} \text{グリセロール-3-リン酸} + ADP$$

$$\text{グリセロール-3-リン酸} + O_2 \xrightarrow{\text{GPO}} \text{ジヒドロキシアセトンリン酸} + H_2O_2$$

$$2H_2O_2 + \text{ESPAS} + 4\text{-アミノアンチピリン} \xrightarrow{\text{POD}} \text{キノン色素} + 3H_2O$$

ESPAS：N-エチル-N-(3-スルホプロピル)-3-アニシジン

リン脂質とは分子中にリン酸を含む複合脂質であり，一般的にコレステロー

ルと平行して変動することが多い。血清中のリン脂質はレシチン（ホスファチジルコリン），スフィンゴミエリン，セファリン（ホスファチジルエタノールアミン），リゾレシチン（リゾホスファチジルコリン）からなる。血清リン脂質の定量は，ホスホリパーゼDを用いてコリンを遊離させ，コリンオキシダーゼを作用させて生成する過酸化水素を測定する。

〔4〕 遊離脂肪酸

血清中のエステル化されていない脂肪酸を遊離脂肪酸という。アルブミンと結合して血中に存在し，抹消組織のエネルギー源となっている。糖尿病，肝障害，甲状腺機能亢進症などの疾患で上昇する。血清中の遊離脂肪酸の組成は，オレイン酸（29%），パルミチン酸（25%），リノール酸（17%），ステアリン酸（13%），アラキドン酸（7%），パルミトオレイン酸（6%），ミリスチン酸（3%）である。アシル CoA シンターゼとアシル CoA オキシダーゼを用いる方法が用いられている。

$$\mathrm{RCOOH + CoA + ATP \longrightarrow アシル\ CoA + AMP + PPi}$$
$$\mathrm{アシル\ CoA + O_2 \longrightarrow 2,3\text{-}trans\text{-}デヒドロアシル\ CoA + H_2O_2}$$

〔5〕 尿　　酸

尿酸は核酸の主成分であるプリンの最終代謝産物である。その生成はプリン体を含む食事の摂取，また，核酸合成系のプリンヌクレオチドの生合成系を経て合成される。尿酸の溶解度は低く，尿酸オキシダーゼをもつ動物ではアラントインとなり溶けやすくなるが，ヒトではこの酵素がないので，高濃度になると関節腔，組織に沈着し，通風結節や痛風腎を引き起こす。酵素法では，尿酸オキシダーゼを作用させ，生成する過酸化水素を定量する。

$$尿酸 + O_2 \rightarrow 5\text{-}ヒドロキシイソウレア + H_2O_2$$

〔6〕 クレアチン・クレアチニン

血中クレアチニン含量は腎機能を診断するうえで重要な指標である。図3.33に示すように，クレアチニンにクレアチニナーゼ，クレアチナーゼ，サルコシンオキシダーゼを連続的に作用させ，生成した過酸化水素をペルオキシダーゼによって呈色する。同様の方法を用いてクレアチンの定量も可能である。

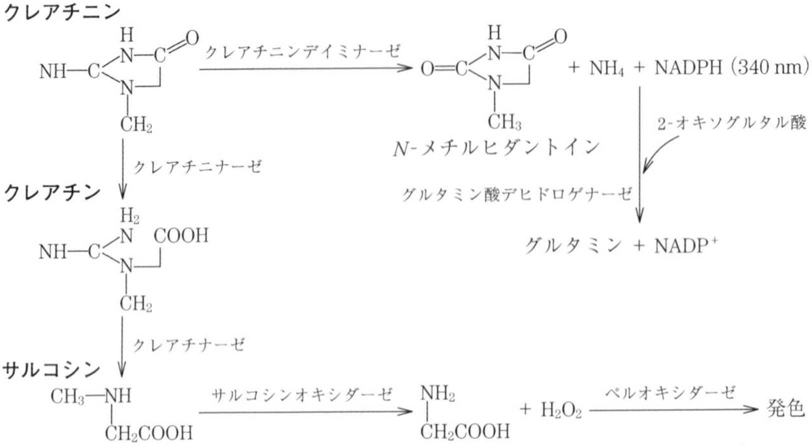

図 3.33 クレアチン定量の反応スキーム

〔7〕 無機リン

リン (P) は骨格成分として，また細胞代謝において重要な役割を果たしており，副甲状腺機能の指標となる。HPO_4^{2-} と $H_2PO_4^-$ で存在しているリンを無機リンといい，イノシンを基質としてプリンヌクレオチドホスホリラーゼとキサンチンオキシダーゼによる定量法が実用化されている（図 3.34）。

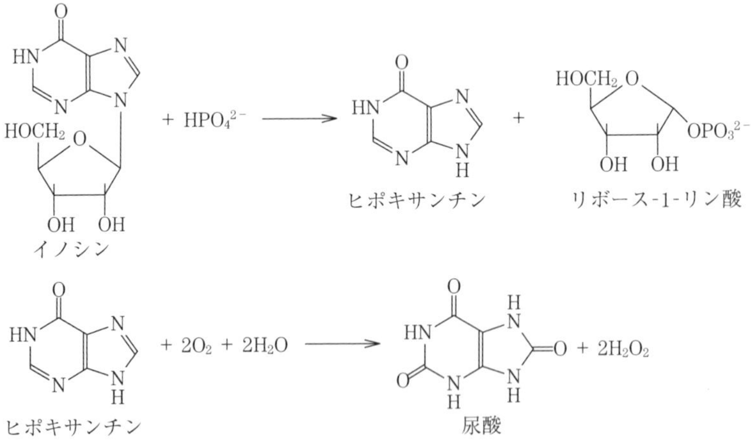

図 3.34 無機リン酸定量の反応スキーム[12]

〔8〕 マグネシウム

マグネシウムイオンは主に腎疾患の診断を目的に測定される。ATPを利用するリン酸転移酵素がATP・Mg複合体を形成して活性を示すことを利用し，グルコースを基質として，ヘキソキナーゼやグルコキナーゼによって生成するグルコース6-リン酸デヒドロゲナーゼとの共役反応によって生成するNADPHの340 nmにおける吸光度の増加を測定する（図3.35）。

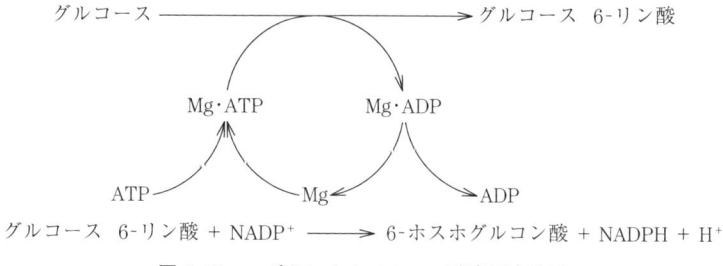

```
グルコース ─────────────→ グルコース 6-リン酸
         ↖             ↙
         Mg・ATP   Mg・ADP
            ↑       ↓
         ATP→ ─Mg← →ADP
グルコース 6-リン酸 + NADP⁺ ───→ 6-ホスホグルコン酸 + NADPH + H⁺
```

図3.35 マグネシウムイオンの酵素測定法[12]

3.4.2 酵素活性の定量

臨床検査項目に挙げられている**表3.16**に示した酵素活性の測定にも酵素法が用いられている。これらの酵素の多くは，臓器損傷によって細胞から血液中に逸脱した酵素が多い。血中アスパラギン酸トランスアミナーゼ（AST），アラニントランスアミナーゼ（ALT）の増加は，肝炎や虚血などによる肝細胞の損傷や細胞膜透過性の亢進に由来し，細胞中のこれら酵素が血中に逸脱，遊

表3.16 酵素活性測定に用いられる基質（浦山 修 他：臨床検査学講座 臨床化学検査学 第2版，医歯薬出版（2006）より転載）

臨床酵素	分類(酸化還元/転移/加水分解)	活性測定に利用可能な基質
LD (LDH)	酸化還元	乳酸またはピルビン酸
AST	転移	L-アスパラギン酸と2-オキソグルタル酸またはオキザロ酢酸とL-グルタミン酸
ALT	転移	L-アラニンと2-オキソグルタル酸またはピルビン酸とL-グルタミン酸
CK	転移	クレアチンリン酸またはクレアチン
γ-GTP	転移	γ-グルタミルペプチド（基質は多数存在）
ALP	加水分解	有機リン酸モノエステル（基質は多数存在）
AcP	加水分解	有機リン酸モノエステル（基質は多数存在）
LAP	加水分解	L-ロイシルペプチド（基質は多数存在）
AMY	加水分解	デンプンやオリゴ糖（基質は多数存在）
ChE	加水分解	コリンエステル（基質は多数存在）

出することによる。心筋梗塞は，冠動脈塞栓による虚血の結果，心筋の変性・壊死をもたらす虚血性心疾患であり，心筋に豊富なクレアチンキナーゼ（CK）を測定すれば心筋梗塞の大きさを推定できる。アミラーゼ（AMY）やリパーゼの膵管閉塞時の血中増加は酵素の排泄障害と考えられている。また，血中阻害物質による低値は，ゴキブリ駆除による検査容器の汚染や有機リン中毒による血清コリンエステラーゼ（ChE）の低値が知られており，ハウス農薬の中毒発見や地下鉄サリン事件の原因を特定する糸口となった。

　血中酵素活性の測定で注意しなければならないのは，測定環境によって値が異なるので，標準化が必要である点である。特に，基質の種類はきわめて重要である。一般に加水分解酵素（アルカリ性ホスファターゼ（ALP），γ-グルタミルトランスペプチダーゼ（γ-GTP），AMY，ChE）は特異性が低く，種々の合成基質と反応する。基質によっては100倍以上の差が出ることもまれではなく，安定で，類似酵素の影響が少なく，活性の検出が容易なものが選択される。

〔1〕 **アスパラギン酸トランスアミナーゼ（AST）**

　旧称グルタミン酸オキサロ酢酸トランスアミナーゼ（GOT）で，血清ASTは肝障害，心筋梗塞時に上昇する。ASTはピリドキサールリン酸を補酵素とし，L-アスパラギン酸と2-オキソグルタル酸の間のアミノ基転移反応を触媒

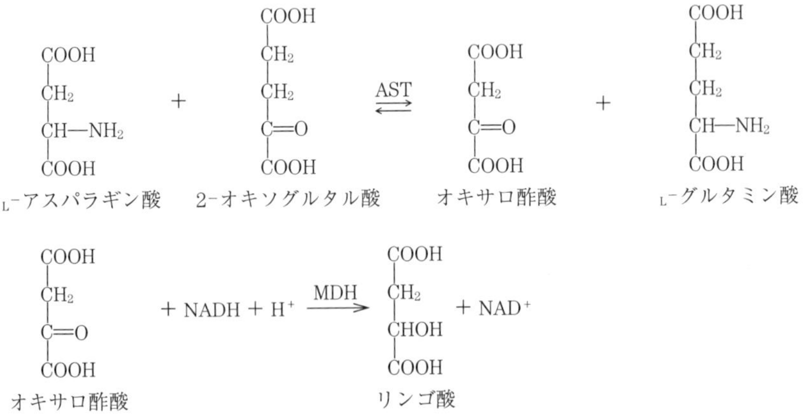

L-アスパラギン酸 + 2-オキソグルタル酸 $\xrightleftharpoons{AST}$ オキサロ酢酸 + L-グルタミン酸

オキサロ酢酸 + NADH + H$^+$ $\xrightarrow{MDH}$ リンゴ酸 + NAD$^+$

図 3.36 AST 活性測定法の原理

し，L-グルタミン酸とオキサロ酢酸を生成する．**図 3.36** に示すように，NADH を補酵素としてオキサロ酢酸をリンゴ酸デヒドロゲナーゼ（MDH）でリンゴ酸に導き，このときの NADH の減少量を A_{340} で追跡する．

〔2〕 アラニントランスアミナーゼ（ALT）

旧称グルタミン酸ピルビン酸トランスアミナーゼ（GPT）で，血清 ALT は肝障害で上昇する．AST と同様にピリドキサールリン酸を補酵素とし，L-アラニンと 2-オキソグルタル酸の間のアミノ基転移反応を触媒し，L-グルタミン酸とピルビン酸を生成する．**図 3.37** に示すとおり，NADH を補酵素として乳酸デヒドロゲナーゼでピルビン酸を乳酸に導き，このときの NADH の減少量を A_{340} で追跡する．

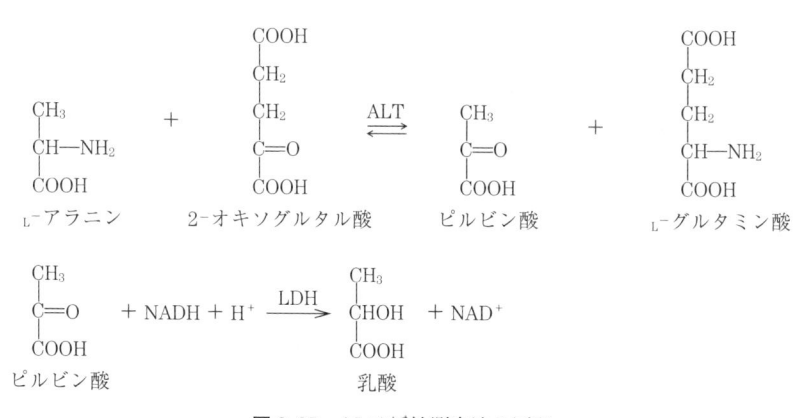

図 3.37 ALT 活性測定法の原理

〔3〕 乳酸デヒドロゲナーゼ（LDH）

解糖系の最終段階で補酵素 NADH の存在下で可逆的に乳酸とピルビン酸の酸化還元反応を触媒する．血清 LDH の増加は，肝，心，腎組織の損傷による酵素の逸脱を意味する．生体内ではピルビン酸から乳酸に進みやすいが，pH 9.5 前後では乳酸からピルビン酸となる．活性は**図 3.38** に示すとおり，乳酸からピルビン酸への酸化反応を NADH の増加量で測定する．

〔4〕 アルカリ性ホスファターゼ（ALP）

有機リン酸モノエステル加水分解酵素で，その至適 pH がアルカリ性側にあ

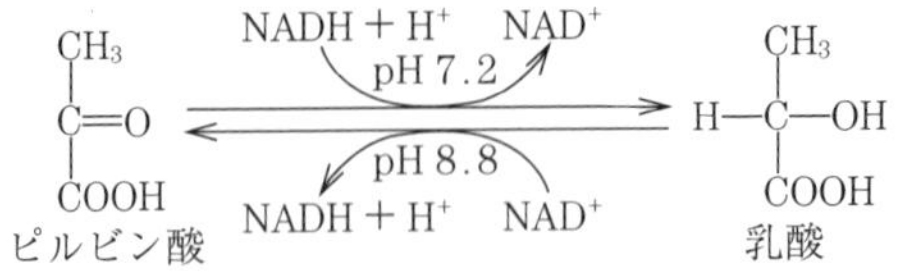

図3.38 LDH活性測定法の原理

るものをいう。ALPは植物には存在しないが，大腸菌からヒトまで広く分布しており，生命現象の基本にかかわると推定されているが，生体内での真の役割や代謝などについては不明なところが多い。一般的に肝胆道系疾患や骨疾患などの指標とされる。アイソザイムが少なくとも4種類存在し，臓器非特異型（肝，骨，腎，肺など），小腸型，胎盤型，胎盤様型に分類され，それぞれのアイソザイムによって至適pHが異なる。測定には，4-ニトロフェニルリン酸を基質として用い，生成する4-ニトロフェノールをA_{405}で測定する。反応に使用する緩衝液の種類によってアイソザイム間の相対活性値が大きく異なる。

〔5〕 γ-グルタミルトランスペプチダーゼ（γ-GTP）

γ-グルタミルペプチドと呼ばれるN末端のグルタミン酸がγ-カルボキシル基を介して他のアミノ酸とペプチド結合しているペプチドの，γ-カルボキシル基を他のアミノ酸またはペプチドに転移する働きをもつ。γ-GTPの生体内での作用は，グルタチオンの代謝・輸送に関与している。血清γ-GTPは，アルコール性肝障害によって上昇する。活性測定は図3.39に示すとおり，γ-グル

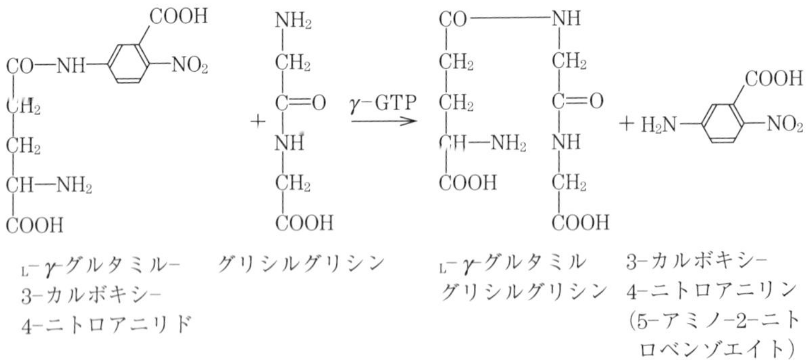

図3.39 γ-GTP活性測定法の原理

タミルペプチドとしての各種合成基質と受容体としてのグリシルグリシンが用いられる。

〔6〕 **コリンエステラーゼ（ChE）**

コリンエステルを水解してコリンと有機酸にする酵素で，血清に存在するChE（EC 3.1.1.8）と神経組織に存在するアセチルコリンエステラーゼ（EC 3.1.1.7）がある。後者はアセチルコリンだけを基質とし神経細胞の刺激伝達の作用を有している。どちらのコリンエステラーゼも有機リン製剤（パラチオン，マラソン，サリンなど）によって非可逆的阻害を受ける。血清ChEの生理的機能は明らかではないが，投与された筋弛緩剤であるサクシニルコリンや局所麻酔剤であるジブロカインやキシロカインを分解することができる。血清中に存在するChEはほとんど肝臓で生成されたChEだけである。肝障害によるタンパク質合成能低下を反映して低下し，有機リン製剤の投与や中毒においてはほとんど活性が見られない。一方，ネフローゼ症候群や肥満，脂肪肝，糖尿病，甲状腺機能亢進症において高値となる。活性測定方法は**図 3.40**

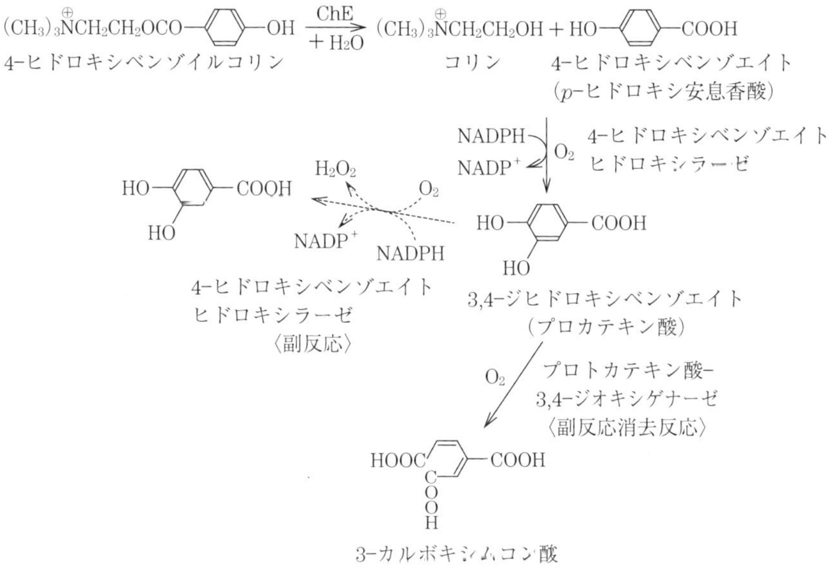

$$(CH_3)_3\overset{\oplus}{N}CH_2CH_2OCO-\bigcirc-OH \xrightarrow[+H_2O]{ChE} (CH_3)_3\overset{\oplus}{N}CH_2CH_2OH + HO-\bigcirc-COOH$$

4-ヒドロキシベンゾイルコリン　　　　　　　　　コリン　　4-ヒドロキシベンゾエイト
　　　　　　　　　　　　　　　　　　　　　　　　　　　　　　（p-ヒドロキシ安息香酸）

4-ヒドロキシベンゾエイトヒドロキシラーゼ（NADPH → NADP⁺, O₂）

3,4-ジヒドロキシベンゾエイト（プロトカテキン酸）

副反応：4-ヒドロキシベンゾエイトヒドロキシラーゼ → HO, HO-〇-COOH （+ H₂O₂, O₂, NADP⁺, NADPH）

プロトカテキン酸-3,4-ジオキシゲナーゼ〈副反応消去反応〉, O₂

3-カルボキシムコン酸（HOOC-〇-COOH, COOH）

図 3.40 ChE 活性測定法の原理

に示すように，4-ヒドロキシベンゾイルコリンを基質として用い，生成する4-ヒドロキシベンゾエイトを p-ヒドロキシベンゾエイトヒドロキシラーゼにより 3,4-ジヒドロキシベンゾエイト（プロトカテキン酸）に変換されるときの NADPH の減少量を測定する。

〔7〕 **アミラーゼ（AMY）**

動物のみならず，微生物，植物にも広く分布する酵素で，ヒトには 1,4-α-グルコシド結合を内部で加水分解する α-アミラーゼのみが存在する。ヒトのアミラーゼの大部分は膵臓および唾液腺から外分泌される消化酵素であり，膵疾患の診断および経過観察に不可欠のものとなっている。基質として，4-ニトロフェニルマルトペントシド（G 7-4 NP）を用いてアミラーゼ反応後，α-グルコシダーゼを作用させて遊離する 4-ニトロフェノール（NP）を比色定量する方法が自動分析に応用されている。

$$\text{G7-4NP} \xrightarrow{\text{アミラーゼ}} \text{G2-4NP + G3-4NP + G4-4NP} \xrightarrow{\alpha\text{-グルコシダーゼ}} \text{4NP + G1ns}$$

〔8〕 **クレアチンキナーゼ（CK）**

ATP のリン酸基をクレアチンに転移する反応（正反応）と，クレアチンリン酸のリン酸基を ADP に転移する反応（逆反応）を可逆的に触媒する酵素であるが，生体内での反応は逆反応にかたよっている。

$$\text{クレアチン + ATP} \underset{}{\overset{\text{CK}}{\rightleftarrows}} \text{クレアチンリン酸 + ADP}$$

CK は，ATP などの高エネルギー化合物のリン酸をより安定なクレアチンリン酸のかたちで貯蔵し，必要に応じてエネルギーとして用いるのに利用される。心筋梗塞や，進行性筋ジストロフィーの患者血清中で異常高値を示すことから，神経筋疾患の診断には欠かせないものとなっている。図 **3.41** に示す，クレアチンリン酸と ADP に作用させて生成する ATP をヘキソキナーゼとグルコース-6-リン酸デヒドロゲナーゼ（G-6 PD）の反応で，NADPH の吸光度の増加から測定する方法が最も信頼できるとされている。

〔9〕 **リパーゼ**

リパーゼはトリアシルグリセロールを加水分解する酵素で，グリセロールと

3.4 分析・計測への利用

$$\text{クレアチンリン酸} + \text{ADP} \xrightarrow{\text{CK}} \text{クレアチン} + \text{ATP}$$

$$\text{ATP} + \text{グルコース} \xrightarrow{\text{ヘキソキナーゼ}} \text{ADP} + \text{グルコース-6-リン酸}$$

$$\text{グルコース-6-リン酸} + \text{NADP}^+ \xrightarrow{\text{G-6 PD}} \text{6-ホスホ-D-グルコン酸} + \text{NADPH} + \text{H}^+$$

図 3.41　CK 活性測定法の原理

長鎖脂肪酸を生成する．リパーゼは膵臓で産生され，十二指腸に分泌される消化酵素であり，急性膵炎，慢性膵炎ほか各種膵臓疾患で高値を示す．リパーゼ活性の酵素法は，図 3.42 に示すように，1,2-ジリノオレイルグリセロールを基質とし，生成したリノール酸を CoA，ATP，NAD 存在下で，アシル CoA シンターゼ，アシル CoA オキシダーゼ，2-エノイル CoA ヒドラターゼ・3-ヒドロキシアシル CoA デヒドロゲナーゼ・3-ケトアシル-CoA チオラーゼ複合体による β 酸化に伴って生じる NADH を測定する．

臨床検査用酵素に関する研究は臨床化学と酵素化学の境界領域の学問であり，さらに発展させるためには両分野の協力が必要なことはいうまでもない．

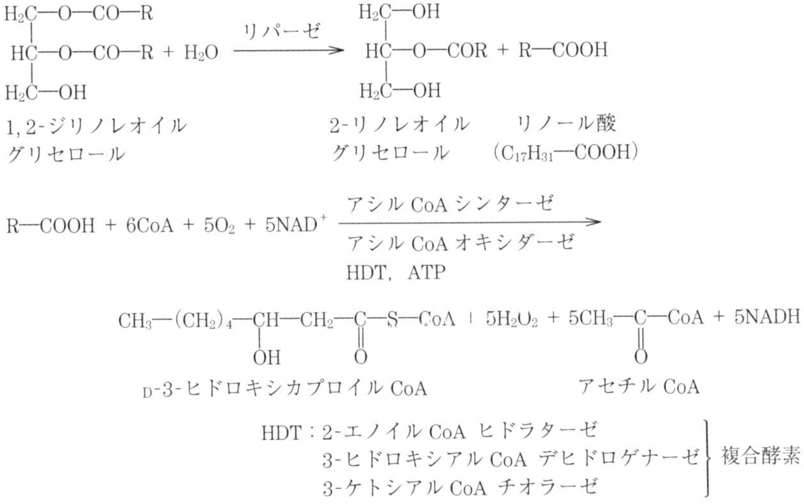

$$\begin{array}{l}\text{H}_2\text{C—O—CO—R}\\ \text{HC—O—CO—R} + \text{H}_2\text{O}\\ \text{H}_2\text{C—OH}\end{array} \xrightarrow{\text{リパーゼ}} \begin{array}{l}\text{H}_2\text{C—OH}\\ \text{HC—O—COR} + \text{R—COOH}\\ \text{H}_2\text{C—OH}\end{array}$$

1,2-ジリノオレイル　　　　2-リノオレイル　　リノール酸
グリセロール　　　　　　　グリセロール　　($C_{17}H_{31}$—COOH)

$$\text{R—COOH} + 6\text{CoA} + 5\text{O}_2 + 5\text{NAD}^+ \xrightarrow[\text{アシル CoA オキシダーゼ}]{\text{アシル CoA シンターゼ}}$$
HDT, ATP

$$\text{CH}_3\text{—(CH}_2)_4\text{—CH—CH}_2\text{—}\underset{\text{O}}{\overset{\|}{\text{C}}}\text{—S—CoA} + 5\text{H}_2\text{O}_2 + 5\text{CH}_3\text{—}\underset{\text{O}}{\overset{\|}{\text{C}}}\text{—CoA} + 5\text{NADH}$$
　　　　　　　 OH
D-3-ヒドロキシカプロイル CoA　　　　　　　アセチル CoA

HDT：2-エノイル CoA ヒドラターゼ
　　　 3-ヒドロキシアシル CoA デヒドロゲナーゼ　⎫
　　　 3-ケトシアル CoA チオラーゼ　　　　　　　⎬ 複合酵素

図 3.42　リパーゼ活性測定法の原理

現在，臨床検査用酵素の市場は飽和状態であるといわれているが，血清中成分測定のすべてに酵素法が用いられているわけではなく，未だに化学法で測定されている成分もある。このような領域に酵素法を導入するためには，自動化への適用を視野に入れて，臨床化学的に優れた酵素を見つけ出すことや，既存の酵素の性質を改変・改良して高い安定性を付与することなどが今後ますます重要になると考えられる。そのような努力に加え，組換え体を用いた大量発現による生産コストの削減が必要なことはいうまでもない。

3.4.3 センサー

生物もしくは生物由来の材料を，物質を認識する分子認識素子（レセプター）として用いて，対象となる物質を測定，検出するセンサーを**バイオセンサー**と呼ぶ（図3.43）。分子認識素子としては，酵素，抗体，微生物，細胞，DNA，RNAなどがあるが，これらの生体材料は一般的に水溶性であるため，このままではバイオセンサーには適用できない。そこで，固定化することによって水に不溶な形態とする。測定，検出した結果を信号出力の形に変換する素子を信号変換素子（トランスデューサー）という。変換信号としては，電流，電圧，光，熱，音などがある。バイオセンサーは酵素の機能を最大限に活用したデバイスであり，信号変換素子として電極を用いた電気化学酵素センサーが最も開発が進んでいる。電気化学酵素センサーの測定原理は，酵素反応によって消費/生成する化学物質を電極で計測し，これから酵素と反応した物質を定

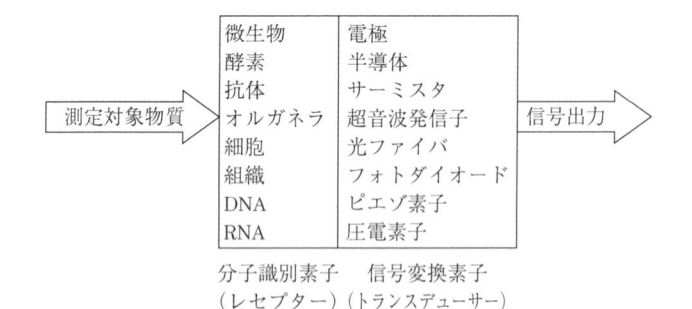

分子識別素子 (レセプター)	信号変換素子 (トランスデューサー)
微生物	電極
酵素	半導体
抗体	サーミスタ
オルガネラ	超音波発信子
細胞	光ファイバ
組織	フォトダイオード
DNA	ピエゾ素子
RNA	圧電素子

測定対象物質 → → 信号出力

図3.43 バイオセンサーの構成

量するものである。

グルコースオキシダーゼ（GOD）を用いたグルコースセンサー（図3.44）を例に構造原理を説明する。GODはグルコースと酸素からグルコノラクトンと過酸化水素を生成する反応を触媒する酵素である。酵素センサーは，白金材料を用いた酸素電極，酸素透過性の膜，酵素（GOD）を固定化した膜から構成されている。酸素は，電極に一定の電圧を印加することによって還元することができる。このときの電流値から酸素濃度を知ることができる。これが酸素電極の原理であり，一般には電極表面を酸素透過性の薄膜で被覆した「クラーク型」酸素電極が用いられている。

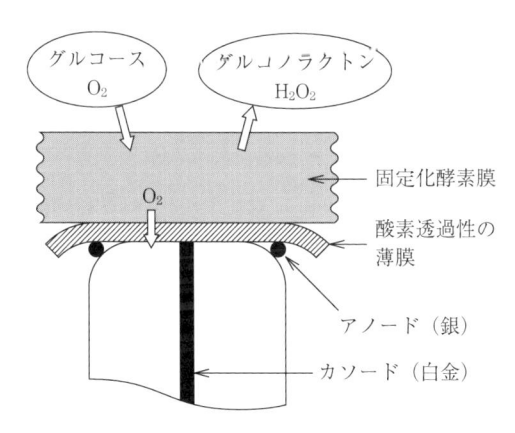

図3.44 酵素センサーの構造原理[14]

酵素がアクリルアミドによって包括固定化されたゲルの表面は，グルコースなどの測定に必要な物質を透過することが可能な半透膜で覆うことによって，酵素を含めた電極系を試料液などから保護する。試料液中にグルコースが存在する場合にはグルコースの量に応じた量の酸素が還元され，溶存酸素は減少する。酸素の濃度変化はグルコース濃度に依存するので，電極の出力電流値の変化からグルコースの定量ができる。さらに，1980年代には，酸素を利用する代わりに，適当な酸化還元対を反応系に介在させて，酵素反応と電極間の電子の流れを円滑にする方法が提案されてきた。酵素反応と電極間の電子移動を仲介（mediate）することから，この酸化還元対はメディエーターと呼ばれ，ベンゾキノン/ヒドロキノン，フェリシアン/フェロシアンイオン，フェリシニウ

ム/フェロセンなどがよく知られている。

グルコース ＋ 酸化型メディエーター → グルコノラクトン ＋ 還元型メディエーター

図 3.45 に測定原理を示すが，基質であるグルコースは GOD により酸化され，GOD を介してフェリシアンイオンへと電子が移動することで，フェリシアンイオンがフェロシアンイオンへと還元される。最終生成物であるフェロシアンイオンを電極（作用極）上にて酸化し，その際に流れる酸化応答電流に基づいてグルコース濃度，すなわち血糖値を測定することができる。また，酸素との共役という限定がなくなったため，GOD の代わりに補酵素結合型のグルコースデヒドロゲナーゼ（PQQ-GDH）も用いられるようになった。PQQ-GDH を用いたセンサーは，測定部位などによる血液中の酸素分圧の影響を受けず，血糖値をより正確に測定することが可能である。

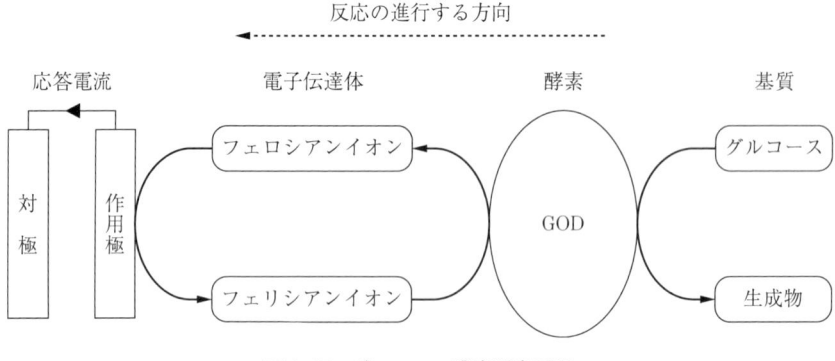

図 3.45　グルコース濃度測定原理

同様の原理で，ラクトース，スクロース，尿素，アミノ酸，乳酸，コレステロール，アルコールなどを測定する酵素センサーが開発され，医療測定や食品工業に利用されている。

このようなバイオセンサーは身近なところでも用いられている。その代表例が血糖センサーである。糖尿病は血液中のグルコース濃度（血糖値）の高い状態が慢性的に続く病態であり，糖尿病性網膜症，腎症，神経症などの合併症発症リスクが高まり，それぞれ視覚障害，人工透析，下肢切断などの原因となる。

糖尿病患者は年々増加傾向にあるが，糖尿病の治療において重要なのは，患者が血糖値を知り，食事・運動療法あるいはインスリン療法によって血糖値をコントロールすることである。そこで，血糖自己測定の重要性が高まっており，電気化学酵素センサー技術を基にした血糖センサーが数多く市販されている。

3.4.4 酵素免疫検定法

酵素免疫検定法（enzyme immunoassay，**EIA**）は，特定の酵素で標識した抗原や抗体を用い，対応する抗原や抗体を測定する方法で，ホルモン（hCG，TSH）などの微量タンパク質や腫瘍マーカー（CA 125，CA 19-9，CEA）などの測定分野で広く利用されている。ヤロー（R S. Yalow）がインスリンの定量用に開発した**放射免疫検定**（radioimmunoassay，**RIA**）が原型で，彼女は1977年にノーベル医学生理学賞を受賞した。RIAでは ^{125}I などの放射性物質が標識物質として用いられているが，放射性物質は一般の検査室では，設備や医療廃棄物などの制約があるのに対し，標識物質に酵素を用いる方法はこのような制約がなく，しかも検出感度に優れていることから，自動分析機にも応用され普及した。

化学発光（chemiluminescence）

　化学反応によって励起された分子が基底状態に戻る際，エネルギーとして光を発する現象。この中で分子単独が励起状態を形成するものを直接発光と呼び，系内に存在する蛍光物質などへエネルギー移動し，蛍光物質の発光が観測されるものを間接化学発光と呼ぶ。例えば，以下の化学反応式に示すように，CDP-*star* を発光基質としてアルカリ性ホスファターゼを作用させると，リン酸基が切断された準安定化合物であるジオキセテンフェノレートイオンを生成する。この物質が解裂する際に放出する466 nmの光を検出することで，酵素活性が測定できる。

ポリスチレンなどの固層に結合させて不溶化させた抗体に，測定すべき抗原を含む試料を反応させて抗原をトラップし，同一抗原の異なる抗原決定基を識別する別の抗体を**酵素標識**して抗原と反応させたのち，酵素の基質を加えて固層に結合した酵素活性を測定する（**図3.46**）。このような方法を特に**ELISA**（enzyme-linked immunosorbent assay）と呼ぶ。標識に用いられる酵素としては，西洋ワサビ由来ペルオキシダーゼかウシ小腸由来アルカリ性ホスファターゼが一般的に使用されている。反応の検出には蛍光物質やp.149枠内トピックスに示す化学発光物質を使用する。標識に用いた酵素がアルカリ性ホスファターゼの場合，蛍光基質として4-メチルウンベリフェリルリン酸，化学発光基質としてCDP-*star*などを用い，リン酸基が切断されることより生成する蛍光または化学発光を測定する。一方，ペルオキシダーゼの場合は化学発光基質としてルミノール系化合物を用い，酵素反応で生成する過酸化酸素と反応して生成する発光を測定する。

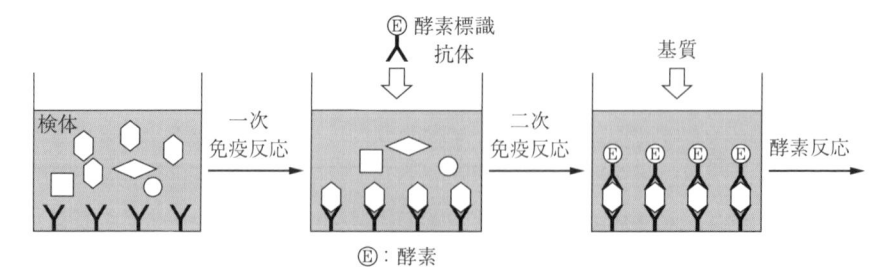

図3.46 酵素免疫検定法の原理

3.5 医薬・化粧品としての利用

3.5.1 治療用酵素

医薬品として古くから酵素は利用されてきた。微生物由来の治療用酵素は，高峰譲吉によって麹菌の培養液から調製された**タカジアスターゼ**が消化剤として1890年代から利用されたのが始まりであろう。タカジアスターゼは当初麦芽 α-アミラーゼに代わるウイスキー製造用酵素剤として開発された。麹菌ふすま培養物の水抽出，有機溶媒沈殿標品であるが，この標品には50種類に及

3.5 医薬・化粧品としての利用

ぶ種々の酵素群が含まれており，ブタ膵臓の含水エタノール抽出物を有機溶媒で沈殿，乾燥させたパンクレアチンと並んで，**消化酵素剤**の主流を占めている。治療用として酵素が利用される分野は大きく分けて以下の三つがある。

(1) 遺伝的な疾患のために消失または欠損した酵素を代替する。
(2) 後天的な疾患のために低下した酵素の合成量を補う。
(3) 酵素の触媒活性に依存した特異的な生物学的効果を付与する。

さらに，疾患の治療を目的とする酵素は，以下の性質を備えていることが必要である。

(1) 生体内での作用点に到達する。
(2) 作用点での生理的条件下で活性を示す（例えば，pH，適切な補酵素の存在，阻害剤の有無などを考慮する必要がある）。
(3) 薬物動態学的に安定している。
(4) 注射剤として使用する場合は，溶解度が高い。
(5) 微生物由来のエンドトキシンやパイロジェンなどの不純物による副作用が起きない。

しかし，酵素はタンパク質であるが故の欠点があり，必ずしも理想的な治療薬とはいえないが，欠点のいくつかはさまざまな加工を行うことで克服されつつある。

(1) 不安定性：酵素は極端なpHや温度で不安定で，またプロテアーゼによる分解を受けて分解するが，ポリエチレングリコール（PEG）とのカップリング（PEG化），化学的なクロスリンク，人工リポソームへの封入などによって安定性を向上させる試みがなされている。
(2) 抗原性：ヒトに投与する場合，ヒト以外のタンパク質は生体異物として認識されるので，血液中に投与されると免疫応答を誘発するが，PEG化やタンパク質表面の抗原決定基をなくすような改変を行うことによって抗原性を消失させることができる。
(3) 細胞透過性：一般的に，酵素は腸管あるいは血管からは細胞内へ取り込まれないので，医薬品としての酵素は，経口投与される消化酵素が圧

倒的な割合を占めている。しかし，タンパク質工学的手法を用いて分子量を小さくしたり，膜の透過性を上昇させる配列を融合させることにより，細胞への取込み効率を改善する試みがなされている。

これまでは細菌，かび，動物由来の酵素が治療用酵素として用いられてきたが，ヒト由来ではないため抗原性の問題があり，もっぱら経口的な投与剤（消化剤など）として利用されてきた。ヒトの血液，尿，胎盤由来の酵素も臨床試験が行われたが，供給量が限られることや，C型肝炎ウイルス（HCV）などのウイルスの混入などの問題があった。しかし，1980年代から，ヒト由来の酵素は組換えDNAの手法で調製されるようになった。ヒト由来の酵素は糖鎖の付加やリン酸化などの翻訳後修飾がなされるため，適切な宿主を選択することが最大の課題である。ヒトの細胞，成体チャイニーズハムスター卵巣（CHO）細胞，仔ハムスター腎臓（BHK）細胞，酵母 *S. cerevisiae* や *Pichia pastoris* など，さまざまな発現系が検討され，いくつかの組換え酵素が認可されている。このように，数多くの問題を抱えながらも，治療用酵素の数は増えている。**表 3.17** に現在市販または治験中の治療用に用いられている酵素をEC番号別にまとめた。代表的な治療用酵素のうち，他章で紹介していない酵素を中心に説明する。

〔1〕 **凝固因子 XIII（活性型）**

血液は，血管内を循環している間は流動性であるが，いったん血管の外に取り出されると，やがて流動性を失う。これは，血漿中のフィブリノーゲンが繊維状のフィブリンに転換し，血液全体がゲル状になるためである。この現象を血液凝固という。凝固因子 XIII は α-トロンビンによって活性化されて活性型の凝固因子 XIIIa に変換される。活性型 XIIIa はトランスグルタミナーゼ活性を示し，フィブリンモノマーをクロスリンクする反応を触媒することにより血液凝固を促進する。現在，凝固因子 XIII 欠損症患者に対してヨーロッパと米国で治験中である。

〔2〕 **アリルスルファターゼ B（*N*-アセチルガラクトサミン 4-スルファターゼ）**

マロトー・ラミー症候群（ムコ多糖症 VI 型　MPS VI）は遺伝性 *N*-アセ

3.5 医薬・化粧品としての利用

表3.17 治療用に用いられている酵素

酵素名	EC 番号[*1]	由来[*2]	酵素作用	臨床応用
スーパーオキシドジスムターゼ	1.15.1.1	ウシ肝臓または赤血球（*E. coli*, 酵母）	スーパーオキシド還元酵素	抗炎症剤
凝固因子 XIII	2.3.2.13*		トランスグルタミナーゼ	止血剤, フィブリン糊
リパーゼ	3.1.1.3	*Rhizopus arrhizus*	カルボン酸エステル加水分解酵素	消化剤
アリルスルファターゼ B	3.1.6.12	ヒト (CHO)	硫酸エステル加水分解酵素	マロトー・ラミー症候群
ドルナーゼ α	3.1.21.1	ヒト (CHO)	リン酸エステル加水分解酵素	慢性閉塞性肺疾患
α-アミラーゼ	3.2.1.1	ブタ膵臓	グリコシダーゼ	消化剤
β-アミラーゼ	3.2.1.2	*A. oryzae*	グリコシダーゼ	消化剤
セルラーゼ	3.2.1.4	*Trichoderma viride*	グリコシダーゼ	消化剤
リゾチーム	3.2.1.17	ニワトリ卵白	グリコシダーゼ	感染症
ラクターゼ	3.2.1.23	*Kluyveromyces fragilis*, 麹菌, *A. niger*	ラクトース加水分解酵素	乳糖不耐症
ヒアルロニダーゼ	3.2.1.35	ウシ精巣(CHO)	1,4-グリコシド結合加水分解酵素	皮下注射後の吸収促進
β-グルコセレブロシダーゼ	3.2.1.45	ヒト胎盤(CHO)	グルコセレブロシド加水分解酵素	ゴーシェ病
イズロニダーゼ	3.2.1.76	ヒト胎盤(CHO)	デルマタン硫酸非硫酸化イズロシド結合加水分解酵素	ハーラー症候群
パンクレアチン	—	ブタ膵臓	膵臓酵素の混合物	消化剤
キモトリプシン	3.4.21.1	ウシ膵臓	エンドペプチダーゼ	消化剤
トリプシン	3.4.21.4	ウシ膵臓	エンドペプチダーゼ	消化剤, 創面浄化
トロンビン	3.4.21.5	ウシ胎盤	エンドペプチダーゼ	止血剤, フィブリン糊
プラスミン	3.4.21.7	ウシまたはヒト胎盤	エンドペプチダーゼ	血栓, 栓塞塊の除去
凝固因子 VII	3.4.21.21*	ヒト胎盤 (BHK)	エンドペプチダーゼ	止血剤
凝固因子 VIII	—	ブタまたはヒト胎盤	エンドペプチダーゼ	血友病 A
凝固因子 IX	3.4.21.22*	ヒト胎盤(CHO)	エンドペプチダーゼ	血友病 B
カリクレイン	3.4.21.34	ブタ膵臓	エンドペプチダーゼ	末梢動脈硬化性疾患, 冠動脈疾患
プラスミノーゲン活性化因子 (t-PA)	3.4.21.68	ヒト (CHO)	エンドペプチダーゼ	急性心筋梗塞, 急性肺塞栓
ウロキナーゼ	3.4.21.73	ヒト尿または腎培養細胞	エンドペプチダーゼ	急性心筋梗塞
ストレプロキナーゼ	3.4.21.73	*Streptococcus* 属細菌	—	急性心筋梗塞
パパイン	3.4.22.2	パパイア	エンドペプチダーゼ	消化剤
ブロメライン	3.4.22.32	パイナップル根茎	エンドペプチダーゼ	消化剤, 創傷浄化
ペプシン	3.4.23.1	ブタ胃	エンドペプチダーゼ	消化剤, 消化管潰瘍
セラチオペプチダーゼ	3.4.24.40	*Serratia* 属細菌	エンドペプチダーゼ	炎症
アスパラギナーゼ	3.5.1.1	*E.coli*, *E.carotovora*	カルボン酸アミド加水分解酵素	急性リンパ性白血病

[*1] 活性型に * を付した。 [*2] 組換え体タンパク質生産の宿主を括弧内に示した。

チルガラクトサミン 4-スルファターゼ欠損症であり，デルマタン硫酸の増加をみる。アリルスルファターゼ B（**図 3.47**）はデルマタンの 4-硫酸基を加水分解する酵素で，CHO を用いて生産された組換え体ヒト由来酵素が認可されている。

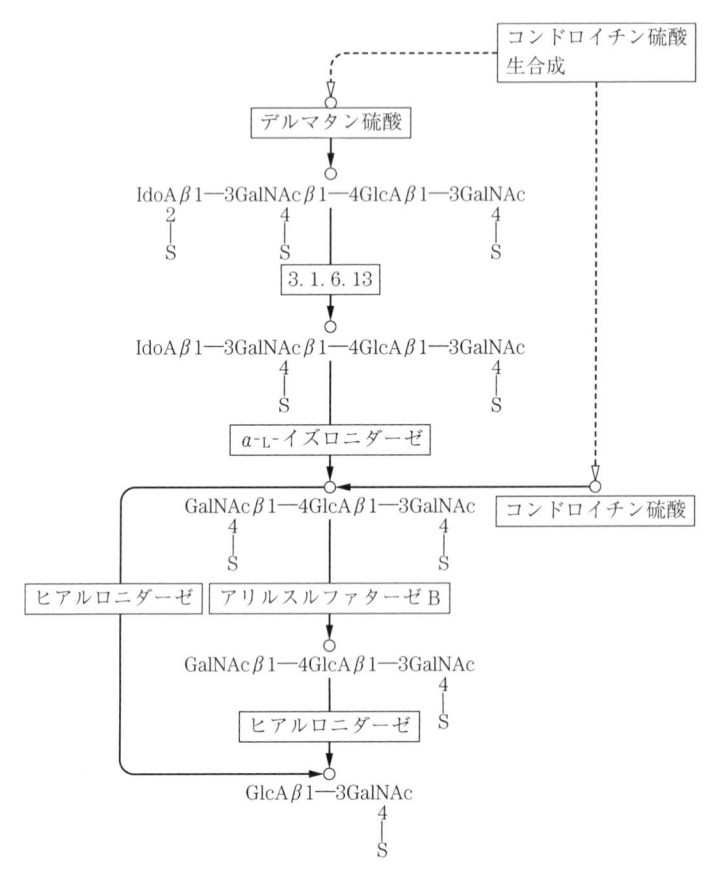

```
                              ┌──────────────┐
                              │ コンドロイチン硫酸 │
                              │   生合成    │
                              └──────┬───────┘
                ┌──────────────┐     ╎
                │ デルマタン硫酸  │◁╌╌╌┤
                └──────┬───────┘     ╎
                       ○              ╎
    IdoAβ1―3GalNAcβ1―4GlcAβ1―3GalNAc  ╎
       2         4              4     ╎
       S         S              S     ╎
              ┌─────────┐              ╎
              │ 3.1.6.13 │              ╎
              └────┬────┘              ╎
                   ○                   ╎
    IdoAβ1―3GalNAcβ1―4GlcAβ1―3GalNAc   ╎
                 4              4      ╎
                 S              S      ╎
           ┌─────────────┐             ╎
           │ α-L-イズロニダーゼ │             ╎
           └──────┬──────┘             ╎
                  ○                    ▽
        GalNAcβ1―4GlcAβ1―3GalNAc  ┌──────────────┐
            4              4      │ コンドロイチン硫酸 │
            S              S      └──────────────┘
   ┌──────────┐┌──────────────┐
   │ヒアルロニダーゼ││アリルスルファターゼ B│
   └──────────┘└──────┬───────┘
                       ○
          GalNAcβ1―4GlcAβ1―3GalNAc
                              4
                              S
              ┌──────────┐
              │ヒアルロニダーゼ│
              └──────┬───┘
                     ○
           GlcAβ1―3GalNAc
                 4
                 S
```

図 3.47 コンドロイチン硫酸代謝経路

〔3〕 **ドルナーゼ α**

ヒト由来のエンド型 DNA 加水分解酵素で，痰の DNA を加水分解することで粘性を下げ，慢性気管支炎や嚢胞性線維症の治療薬として，CHO を宿主として発現させた組換え体酵素が認可されている。*Streptococcus* 属細菌由来の

ストレプトドルナーゼは，後述するストレプトキナーゼと併用することによって浮腫消退促進作用を示し，消化性潰瘍(かいよう)の治療薬として用いられている。

〔4〕 ヒアルロニダーゼ

ヒアルロン酸など，結合組織のグリコサミノグリカンを加水分解する酵素で，皮下注射後の薬剤吸収の促進や麻酔薬の効果を促進する目的で使用されている（図3.47）。

〔5〕 β-グルコセレブロシダーゼ

ゴーシェ病は，グルコシルセラミドの分解酵素である β-グルコセレブロシダーゼの遺伝性欠損病で，グルコシルセラミドが大量に蓄積し，肝脾腫や貧血・出血傾向などの造血器障害を示す。患者一人当り1年間に使用する酵素を供給するためには20 000個のヒト胎盤が必要となるが，CHO を宿主として発現させたヒト由来組換え体酵素が認可されたので，必要量が容易に供給できるようになった。組換え体酵素は野生型とは1アミノ酸残基が異なる変異型酵素で，糖鎖構造も若干異なる。

〔6〕 イズロニダーゼ

ハーラー症候群（ムコ多糖症 IH 型　MPS IH）は遺伝性 α-L イズロニダーゼ欠損症であり，尿，組織中にデルマタン硫酸，ヘパラン硫酸の増加をみる。α-L イズロニダーゼは，デルマタン硫酸の非硫酸化 α-L イズロシド結合を加水分解する酵素で（図3.47），CHO を用いて生産された組換え体ヒト由来酵素が認可されている。

〔7〕 プラスミン（フィブリノリシン，フィブリナーゼ）

血中に存在するセリンプロテアーゼで，トリプシン類似の基質特異性を示す。血管内に形成されたフィブリンに作用して分解溶離させる。

〔8〕 α-トロンビン（フィブリノゲナーゼ）

血液凝固に関与するトリプシン様セリンプロテアーゼで，フィブリノーゲンを分解してフィブリンを生成することで血液凝固を促進する。生体内においてはプロトロンビンの形で存在し，凝固因子 X_a により限定分解を受けて生成される。ウシ血漿由来の酵素が止血剤として単独で，ゼラチンをマトリックスと

したフィブリノーゲン，フィブロネクチン，凝固因子 XIII などとの混合物が「フィブリン糊」として市販されており，手術時の止血に用いられている。

〔9〕 **凝固因子 VIII，IX**

凝固因子 VIII または IX が欠損すると，それぞれ血友病 A と B を発症する。これらの凝固因子は酵素として触媒活性を示さないが，凝固因子 X を活性化することで，血液凝固を促進する。

〔10〕 **カリクレイン**

1926 年にヒトの尿中から血圧降下作用を示すタンパク質として見出されたプロテアーゼである。血漿カリクレインは，低血圧を維持するために重要な役割を果たしており，L-キニノーゲンを分解して微小血管の血管透過性亢進，血管拡張，降圧作用などを示す活性ペプチドであるキニン（ブラジキニンやシリル-ブラジキニン）を生成する。ブタ膵臓由来の酵素が用いられている。

〔11〕 **プラスミノーゲン活性化因子**

心筋梗塞や虚血性心疾患の治療薬としての血栓溶解剤として，プラスミノーゲン活性化因子が用いられている。プラスミノーゲン活性化因子は，活性をもたないプラスミノーゲンを活性化することによって，プロテアーゼ活性をもつプラスミンを生成させ，血栓の主要成分であるフィブリンを分解する。プラスミノーゲン活性化因子として現在でもヨーロッパで最も多く用いられているのは，*Streptococcus* の培養液から見出されたストレプトキナーゼである。ストレプトキナーゼ自身は酵素作用を示さず，プラスミノーゲンと等モルで複合体を形成し，立体構造を変化させることによってプラスミノーゲンの活性部位を露出させ，活性部位がプラスミノーゲンをプラスミンに変換させる。

一方，ウロキナーゼ（ウロキナーゼ型 プラスミノーゲン活性化因子 (u-PA)）は，1951 年にヒトの尿中に見出された酵素で，プラスミノーゲンの Arg560 と Val561 の間のペプチド結合を切断して活性型プラスミンに変換する。ウロキナーゼはヒトの尿または腎臓細胞の培養によって生産されていたが，尿の調達が困難になったり，細胞培養へのウイルスの混入が問題となり，生産中止に追い込まれた国もある。大腸菌を宿主とする組換え体酵素の生産も

試みられたが，認可には至っていない．

組織プラスミノーゲン活性化因子（t-PA）は血管内皮細胞でつくられるセリンプロテアーゼで，ウロキナーゼと同様にプラスミノーゲンを切断するが，t-PA は血栓に含まれているフィブリンに吸着性を示し，フィブリンが存在しない場合ほとんど活性を示さないが，フィブリンが存在するとプラスミノーゲンに対する特異的切断活性が著しく増大するという特長をもっている．CHO を用いた組換え型 t-PA は，急性心筋梗塞や急性肺塞栓の線溶療法治療薬として認可されている．

〔12〕 セラチオペプチダーゼ

Serratia 属細菌の培養液から見出されたタンパク質分解酵素で，痰のキレを著しく改善する効果が認められ，消炎酵素剤として1968年に武田薬品から商品化された．セラチオペプチダーゼは経口投与しても腸管から迅速に吸収され，血液中では $α_2$-マクログロブリンと抱合体を形成するため抗原抗体反応を示さないなどの優れた性質をもつ．

〔13〕 アスパラギナーゼ

腫瘍細胞のなかにはアスパラギン生合成能を欠損しているため，栄養素として L-アスパラギンを必要とするものがある．したがって，血清中の L-アスパラギンを枯渇させることによって，腫瘍細胞の成育抑制が期待できる．正常細胞では L-アスパラギンは十分量生合成され本酵素の作用を受けないため，機能障害は起こらない．アスパラギナーゼは L-アスパラギンを加水分解してアスパラギン酸とアンモニアを生成する酵素で，大腸菌や *Erwinia carotovora* などの細菌が生産する L-アスパラギナーゼが抗急性リンパ性白血病活性を示すことが見出され，治療薬として認可されている．ヒトに静注すると異種タンパク質として認識され抗原抗体反応が誘発されること，半減期が非常に短いことなどの欠点が指摘されたが，PEG で修飾することによって克服され，修飾酵素も商品化されている．

3.5.2 化粧品への応用

酵素が添加されている化粧品はまだ少ないが，ヘアダイ，デンタルケア，スキンケアの分野で酵素を利用する試みが報告されている。化成品に比べて酵素は高価なので汎用品への利用は限られるが，化成品では得られないユニークな効果と，バイオ素材である酵素のもつナチュラルで穏やかなイメージが消費者から支持されるようになれば，化粧品への応用が拡大することが今後期待される。

〔1〕 ヘアダイ

一般的に酸化染料を用いたヘアダイは，無色・低分子の染料を毛髪中に浸透させ，酸化重合して行われる。酸化剤としては，過酸化水素が使用されているが，高濃度（6%以上）の過酸化水素は酸化力が強く，アルカリpHにさらすことも毛髪の損傷を引き起こす。そこで，穏やかな過酸化水素の供給源として，グルコースオキシダーゼ，尿酸オキシダーゼ，ペルオキシダーゼ，チロシナーゼ，ラッカーゼが注目されている。これらの酵素は，中性pHで必要最小限の過酸化水素を必要な場所でのみ発生させることができるので，今後応用が期待されている。

〔2〕 パーマネントウエーブ

化学薬品を用いるパーマは，まず，毛髪を目的とする形状にロールさせ，毛髪タンパク質であるケラチン中のジスルフィド結合を還元して天然の構造を壊したのち，最終的に過酸化水素で新たなジスルフィド結合を形成させるプロセスを経る。このプロセスは毛髪に損傷を与え，還元反応にチオグリコール酸を用いるため，不快臭が発生する。そこで，タンパク質中のジスルフィド結合の再編成を触媒するジスルフィドイソメラーゼを用いて還元と酸化の両反応を代替する試みや，チオール基の酸化過程にグルタチオンオキシダーゼ，トランスグルタミナーゼ，ラッカーゼを用いる報告があるが，商品化に至った酵素はない。

〔3〕 スキンケア

パパインやブロメラインなどの植物由来やサブチリシンなどの細菌由来のプ

ロテアーゼがパックに添加されており，肌の表面に蓄積された角化組織を取り除く効果が期待されている。

〔4〕 **デンタルケア**

虫歯の病因菌といわれる *Streptococcus mutans* はショ糖を代謝して粘着性多糖を生成する。この多糖は歯牙に付着し，歯垢（プラーク）を形成する。虫歯はこの歯垢の中で，酸による脱灰という形で進行する。したがって，歯垢を分解することは虫歯の予防となる。歯垢中の多糖類として α-1,6 結合からなるデキストランと，α-1,3 結合からなるムタンがあり，それぞれを分解するデキストラナーゼやムタナーゼが添加された歯磨き粉が商品化されている。最近，口臭予防機能をもつデンタルケア商品の開発が話題となっており，ラッカーゼを添加したガムが商品化されている。また，歯肉炎やプラークの原因菌となる病原性細菌の生育を阻止するために，グルコアミラーゼやグルコースオキシダーゼを添加した歯磨き粉が市販されている。デンプンをグルコアミラーゼでグルコースに分解し，グルコースオキシダーゼの作用によって生成する過酸化水素を唾液のペルオキシダーゼが利用してヒポチオシアン酸を生成することで抗菌作用を示すと考えられる。さらに，入れ歯の洗浄剤にも，さまざまな酸化酵素に加え，プロテアーゼ，アミラーゼ，グルコシダーゼなどが配合されている。

3.6 研究試薬

実験室レベルでの生化学的解析にも，多様な酵素が用いられている。遺伝子組換え技術が開発される以前から，タンパク質の一次構造を解析するためのプロテアーゼや，各種生体成分の定量酵素に加え，生体成分を単離精製する際にも酵素が用いられてきた。1980 年代に遺伝子組換えが可能となったのは，制限酵素の発見によるところが大きく，その後，耐熱性 DNA ポリメラーゼを応用したポリメラーゼチェーン反応（PCR）が開発されるなど，遺伝子解析に酵素は必要不可欠な試薬となっている。今日ではキットを購入して添付されたマニュアルを参照することによって，誰でも簡単に遺伝子解析を行うことが可能であるが，一方で，キットというブラックボックスの中に酵素が封入された

ため，酵素の名称や酵素が触媒する反応を知らなくても結果が出るのが当然で，予想したとおりの結果が出ないときに解決方法を見出すことが困難なこともある。

ここでは，核酸とタンパク質の解析に用いられる酵素を中心に，代表的な酵素について基本的な性質を中心に解説する。個々の酵素の詳細については実験書や試薬メーカーのカタログに記載されているので参照されたい。また，生体成分の測定に用いられる酵素については，本書の3.4節に記載しているので参照されたい。

3.6.1 遺伝子解析

遺伝子組換え実験で使用される酵素は，一般的に親株での生産量が少ないため，ほとんどの酵素遺伝子がクローニングされ，組換え体から精製された酵素が市販されている。

〔1〕 制限酵素

1970年に *Haemophilus influenzae* Rd株から制限酵素HindIIが初めて単離されて以来，現在約3000種類以上の制限酵素がさまざまな細菌から単離され，市販されている。2章で述べたように，遺伝子操作に用いられる制限酵素は活性発現にMg^{2+}のみを要求するII型に分類される酵素で，二本鎖DNA上の特異的な4-8塩基対を認識して，認識配列の内部または近傍の特定ホスホジエステル結合を加水分解するエンドヌクレアーゼである。制限酵素は，クローニング，ジェノタイピング，変異解析，シーケンシング，マッピング，メチル化検出など，さまざまな用途に用いられている。

酵素の基本的な命名の仕方は，生産菌の属名の頭文字1文字（大文字）と種名の頭文字2文字（小文字）に加え，同一菌体内から複数の制限酵素が見出されている場合はそれらをローマ数字によって区別する。制限酵素が発見された当初はローマ数字以外をイタリック体で示すというルールであったが，2003年からはイタリック体にする必要はなくなった。

本書で制限酵素をすべてリストアップすることはできないので，作用機構ま

たはサブユニット構造の違いによって分類した代表的なII型制限酵素を**表3.18**に示した。異なる菌株から同一配列を認識する酵素が単離されている場合，それらの酵素をイソシゾマー（isoschizomer）と呼ぶ。同一配列を認識する酵素でも，切断位置が異なる酵素をネオシゾマー（neoschizomer）と呼んで区別することがある。

表3.18 作用機構とサブユニット構造に基づくII型制限酵素の分類

分類	特徴	酵素名	特異性
A	非対称配列を認識する	AciI	CCGC(−3/−1)
B	認識配列の両側を切断	BcgI	(10/12)CGANNNNNNTGC(12/10)
C	制限酵素とメチラーゼが同一ペプチド上に存在	GsuI	CTGGAG(16/14)
E	2箇所の認識配列を必要とし，片方を切断	EcoRII	↓CC(A/T)GG
F	2箇所の認識配列を必要とし，両方を切断	SfiI	GGCCNNNN↓NGGCC
G	AdoMetで活性化	Eco57I	CTGAAG(16/14)
H	認識配列結合サブユニットが必要	AhdI	GACNNN↓NNGTC
M	メチル化DNAを特異的に切断	DpnI	Gm6A↓TC
P	対称配列を認識	EcoRI	G↓AATTC
S	非対称配列を認識して認識配列の外側を切断	FokI	GGATG(9/13)
T	ヘテロダイマーで作用	Bpu10I	CCTNAGC(−5/−2)

〔注〕 切断位置が認識配列の内側にあるときは↓で示した。外側にあるときは，表示した識配列の末端塩基からの距離を括弧内に示した。−は5′方向を示している。
AdoMet：S-アデノシル-L-メチオニン

制限酵素で切断するDNAは研究者が個々に精製したものを用いるので，DNAの純度によっては切断できなかったり，予想どおりの切断パターンを示さない場合もある。このような場合，以下の3点を考慮する必要がある。

(1) メチル化の影響

制限酵素は，同一菌体中に生産され制限酵素と同じ配列を認識するメチラーゼによってメチル化された配列は切断しないが，他のメチラーゼでメチル化された配列でも切断できない場合がある。イソシゾマーでも認識配列中のメチル化塩基の位置と種類によって，切断活性を示すものと示さないものがある。メチル化される塩基の種類は2章（表2.2）にまとめてある。p.162枠内トピックスに示す制限修飾系以外のメチラーゼとしてdamメチラーゼとdcmメチラーゼが知られており，遺伝子組換えの宿主として用いられる大腸菌は，damおよびdcm遺伝子産物によっ

てそれぞれ GATC のアデニンと CC(A/T)GG の内側のシトシンの5位をメチル化する。したがって，組換え体大腸菌から調製したプラスミドを切断する際にはこの点に注意する必要がある。また，T4ファージ DNA では，シトシンの5位がグリコシルヒドロキシメチル化されており，ほとんどの制限酵素では切断できない。

(2) **酵素の純度**

多くの制限酵素遺伝子がクローニングされており，組換え体から精製されているが，タンパク質の純度としては均一ではなく，夾雑する他のヌクレアーゼやホスファターゼ活性が実用上問題にはならない程度の純度に精製された標品が市販されている。したがって，過剰量の制限酵素を添加して反応を行うことは避けたほうがよい。

(3) **認識特異性の緩み**

標準的な反応条件から外れた条件，例えば高 pH，高グリセロール存在下，高ジメチルスルホキシド（DMSO）存在下，高エタノール存在下な

制限修飾系（restriction-modification system）

細菌には，ファージやプラスミドなどの外来 DNA が侵入したとき，外来 DNA を特異的に切断して，その複製を妨げる働きをする制限酵素が存在する。一方，細菌自身のゲノムは，自己の制限酵素で切断されないように修飾メチルトランスフェラーゼ（修飾酵素）によって修飾（メチル化）して保護している。

1960年代にアルバー（W. Arber）は，大腸菌 K12 株を宿主として増殖させた λ ファージを大腸菌 K（P1）株に感染させると，その感染効率が低下する現象を見出した。彼は，DNA 分解酵素が存在すると考え，「ファージ受容性の制限」に関与していることから制限酵素と命名した。その後，1970年にスミス（H.O. Smith）らは，二本鎖 DNA の特異的塩基配列を認識して切断する制限酵素を *Haemophilus influenzae* から初めて単離した。

制限酵素と修飾酵素から構成される細菌の自己防御機構を，「制限修飾系」と呼ぶ。制限酵素と修飾酵素の遺伝子はゲノム上で隣どうしかきわめて近傍にクラスターを形成している。制限酵素と修飾酵素は同じ配列を認識するにもかかわらず，一次構造の相同性はほとんどない。

どで制限酵素を過剰量添加すると，本来の認識配列とは1塩基以上異なる配列を認識切断する活性を示すことが多くの制限酵素で報告されている。このような認識特異性の緩みが改善された変異酵素が最近開発された。

〔2〕 **ホーミングエンドヌクレアーゼ**

制限酵素と同様に二本鎖DNAを特異的に切断するエンドヌクレアーゼとして，**ホーミングエンドヌクレアーゼ**をコードする遺伝子が微生物のゲノム上に数多く見出されている。ホーミングエンドヌクレアーゼは制限酵素より認識配列が長く（12～40塩基対），配列中の1塩基を置換してもまったく切断されなくなるのではなく切断効率が低下することから，制限酵素ほど厳密に配列を認識しないという特徴がある。表3.19に示すような，単細胞藻類，酵母，超好熱古細菌の該当する遺伝子を大腸菌で発現させた組換え体酵素が市販されている。制限酵素を含めたエンドヌクレアーゼに関する情報は，データベース（REBASE：http://rebase.neb.com）に詳しくまとめられているので参照されたい。

表3.19 代表的なホーミングエンドヌクレアーゼ

酵素名	由来	特異性
I-CeuI	*Clamydomonas eugametos*	TAACTATAACGGTCCTAAGGTAGCGAA ($-9/-13$)
I-SceI	*Saccharomyces cerevisiae*	TAGGGATAACAGGGTAAT ($-9/-13$)
PI-PspI	*Pyrococcus* sp. GB-D	TGGCAAACAGCTATTATGGGTATTATGGGT ($-13/-17$)
PI-SceI	*Saccharomyces cerevisiae*	ATCTATGTCGGGTGCGGAGAAAGAGGTAATGAAATGG ($-22/-26$)

〔注〕 切断位置は表示した認識配列の末端塩基からの距離（－は5′方向）を括弧内に示した。

〔3〕 **DNAポリメラーゼ**

DNAポリメラーゼはdNTPを基質として用い5′→3′の方向に伸長反応を行う酵素の総称で，表3.20に代表的な酵素を示した。大腸菌のDNAポリメラーゼⅠは二つのドメインから構成されており，タンパク質分解酵素であるサブチリシンを作用させることによって，N末端側の5′→3′エキソヌクレアーゼ活性ドメインとC末端側ドメインに切断される。5′→3′ポリメラーゼ活性

3. 酵素の応用

表 3.20 遺伝子工学に用いられる酵素

酵素	由来	用途
DNA ポリメラーゼ		
DNA ポリメラーゼ I	E. coli	ニックトランスレーション
Klenow フラグメント	E. coli	DNA シーケンス（ダイデオキシ法） ランダムプライマーを用いた DNA 標識 二本鎖 DNA の平滑化
T4 DNA ポリメラーゼ	T4 ファージ	二本鎖 DNA の平滑化 $3' \to 5'$ エキソヌクレアーゼを利用した DNA フラグメントの $3'$ 末端からの標識
逆転写酵素	AMV（トリ myeloblastosis ウイルス）	cDNA の合成
	MoMuLV（モロニーマウス白血病ウイルス）	RT-PCR
ターミナルデオキシヌクレオチジルトランスフェラーゼ	ウシ胸腺	DNA の $3'$ 末端標識 二本鎖 DNA $3'$ 末端へのホモポリマーの付加
耐熱性 DNA ポリメラーゼ	Thermus aquaticus Thermus brockianus Thermus thermophilus Pyrococcus furiosus Thermococcus litoralis Thermococcus kodakarensis KOD1	PCR
RNA ポリメラーゼ		
T7 RNA ポリメラーゼ	T7 ファージ	高標識 RNA プローブの作成
SP6 RNA ポリメラーゼ	SP6 ファージ	一本鎖 RNA の合成，高標識 RNA プローブの作成
ポリ(A)ポリメラーゼ	E. coli	RNA へのポリ(A)の付加，RNA の $3'$ 末端標識
ヌクレアーゼ		
S1 ヌクレアーゼ	麹菌	ハイブリダイゼーションのマッピング（S1 マッピング）
ナタマメヌクレアーゼ	ナタマメ (mung bean)	二本鎖 DNA 末端の平滑化 ハイブリダイゼーションのマッピング（S1 マッピング）
ヌクレアーゼ BAL31	Alteromonas espejiana BAL31	DNA フラグメントの両末端からの限定分解
DNaseI	ウシ膵臓	ニックトランスレーション DNaseI フットプリンティング RNA サンプルからの DNA の除去
エキソヌクレアーゼ I	E. coli	反応液からの ssDNA の除去
エキソヌクレアーゼ III	E. coli	DNA 断片の定方向性欠失の作成
ミクロコッカスヌクレアーゼ	Streptococcus aureus	ヌクレオソーム調製のためのクロマチンの消化
RNaseH	E. coli	DNA-RNA ハイブリッドの RNA 鎖の分解
RNaseA	ウシ膵臓	ゲノム DNA サンプルからの RNA の除去
その他		
アルカリ性ホスファターゼ	ウシ小腸，E. coli	DNA $5'$ 末端リン酸基の除去
DNA リガーゼ	T4 ファージ，E. coli	DNA 断片の連結
RNA リガーゼ	T4 ファージ	一本鎖 RNA と二本鎖 RNA の連結
ポリヌクレオチドキナーゼ	T4 ファージ	DNA および RNA の $5'$ 末端標識 合成リンカーの $5'$ 末端リン酸化

と3′→5′エキソヌクレアーゼ活性だけをもつC末端側ドメインをKlenowフラグメントと呼ぶ。大腸菌およびT4ファージ由来のDNAポリメラーゼは高温で不安定なため、自動化PCRに使用できないので、高温菌や超高温古細菌から単離された耐熱性DNAポリメラーゼがPCRに用いられている。PCRに用いられる酵素標品には微量のエキソヌクレアーゼが添加されているものや、分子工学を用いて野生型とは異なる酵素機能が付与されているものがあり、間違った塩基の取込率や増幅されたDNA断片の末端の形状が異なるので、使用目的に合わせて選択する必要がある。

表3.21に示したRNAポリメラーゼ、ヌクレアーゼ、DNA修飾酵素の反応については、本書2章に詳しく述べてあるので参照されたい。

3.6.2 タンパク質の解析

タンパク質の一次構造の解析には特異的な位置で切断するプロテアーゼが用いられる。代表的なプロテアーゼを**表3.21**にまとめた。凝固因子Xaはウシ

表3.21 タンパク質の解析に用いられる酵素

酵 素 名	EC番号	由 来	特 異 性
トリプシン	3.4.21.4	ウシ膵臓	ArgとLysのC末端側
カルボキシペプチダーゼP	3.4.16.5	*Penicillium janthinellum*	C末端側から順次遊離
凝固因子Xa	3.4.21.6	ウシ血漿	Ile-Glu/Asp-Gly-Arg配列のC末端側
N-アシルアミノアシル-ペプチドハイドロラーゼ	3 4.19.1	ブタ肝臓	N末端がアシル化された30アミノ酸残基までのペプチドからN-アシルアミノ酸を遊離
ピログルタメートアミノペプチダーゼ		*Pyrococcus furiosus*	N末端がピログルタミル化されたペプチドおよびタンパク質からピログルタミン酸を遊離
メチオニンアミノペプチダーゼ		*Pyrococcus furiosus*	N末端がメチオニンであるペプチドおよびタンパク質からメチオニンを遊離
アスパラギニルエンドペプチダーゼ		*Pyrococcus furiosus*	AspのC末端側
アルギニルエンドペプチダーゼ		*Pyrococcus furiosus*	ArgのC末端側
V8プロテアーゼ	3.4.21,19	*Staphylococcus aureus* V8	AspとGluのC末端側

血漿由来のプロテアーゼで，ラッセルクサリヘビ毒によって活性化されている。認識特異性が非常に厳密なので，タグを付加した組換え体タンパク質からタグを除去する際に使用される。

3.6.3 その他

プロテイナーゼK（Proteinase K）は真菌 *Tritirachium album* 由来の強力なセリンプロテアーゼで，未変性および変性タンパク質，糖タンパク質，ペプチド，アミノ酸エステルに対して広い切断活性をもち，SDS（1%）が存在する場合や高温（37〜56℃）で活性が上昇するという特徴をもつことから，DNAおよびRNAの精製の際，タンパク質を除去する目的で用いられる。

ザイモリアーゼ（Zymolyase）は細菌 *Arthrobacter luteus* の培養上清から得られる酵素混合物で，エンド型 β-1,3 グルカナーゼ活性の他，複数のプロテアーゼ活性とマンナーゼ活性を含む。真菌類，特に酵母の細胞壁を分解し，スフェロプラストの調製に用いられる。

3.7 環境保全への利用

これまでにも述べたように，有害物質を触媒として用い，高温・高圧などに代表される過激で高エネルギーを必要とする化学プロセスに対し，酵素は温和な条件で効率的に作用し，しかも特異的で副反応が少ないという特長がある。環境汚染や資源荒廃などが世界的に顕在化し，環境問題への意識が高まっている今日，環境調和型テクノロジーとしてのバイオプロセスは，これまで以上に関心がもたれ受け入れられやすくなっている。さらに，環境保全やエネルギー対策分野に酵素や微生物をはじめとする生物を積極的に利用する研究が，国家プロジェクトとして世界各国で進められている。

3.7.1 有害物質の分解除去

3.3.3項で述べたように，紙・パルプ工業において漂白に用いられている塩素系化合物の代わりにキシラナーゼを用いるなど，化学的な製造プロセスに酵

素反応を組み入れることによって，有害物質の排出が抑えられるようになった。また，工場廃液に含まれる有害物質除去に，ペルオキシダーゼ（POD）が利用できることが報告されている。石炭の蒸留プロセスから出てくるフェノールは，PODの作用によって重合し，生成する不溶性重合体は濾過によって容易に除去することができる。同様にして，染料工場から排出される発ガン性化合物であるベンジデン，o-ジアニシジン，1-ナフチルアミンなどもPODの作用により酸化重合体となり，系外に出すことが可能である。

廃液に限らず汚染した土壌などの環境を修復する方法として，**バイオレメディエーション**（bioremediation）技術が注目されている。バイオレメディエーションとは，微生物，植物，動物などのもつ生物機能を活用し，汚染した環境を修復する技術である。これまでにも排水処理などに用いられてきたが，最近は，トリクロロエチレン（TCE）やテトラクロロエチレン（PCE）などの発ガン性を有する揮発性有機塩素化合物による地下水・土壌汚染，ダイオキシン（ポリクロロジベンゾ-p-ジオキシン，ポリクロロジベンゾフラン，コプラナーPCB）による土壌汚染，有機スズ・ポリ塩化ビフェニル（PCB）による魚介類の汚染，タンカー事故やバラスト水・廃油による沿岸域の油汚染，さらに工場跡地におけるカドミウム・水銀による重金属汚染などの低濃度・広範囲な汚染が問題となっている。これらの生分解や除去は一般的に多段階酵素反応によって進行しているので，単離された酵素ではなく，微生物が触媒として用いられるため，効率的なバイオレメディエーションを行うためには，関与する微生物の育種が欠かせない。分解・除去経路の解析，酵素の生化学的解析と遺伝子解析を行うことによって，さまざまな有害物質の分解過程の理解が進行中である。バイオレメディエーションが活用可能な対象有害物質と，分解・無毒化に関与する主要な酵素を**表3.22**にまとめた。バイオレメディエーション技術の詳細については他書を参考にされたい。

3.7.2 未利用バイオマスの活用

バイオマス（Biomass）は生物量と訳され，一定地域内の動植物など生物の

表 3.22 有害物質の分解・無毒化に関与する酵素

有害物質名	分解・無毒化に関与する主要な酵素
リン酸	ポリリン酸合成酵素
水銀	水銀還元酵素
揮発性有機塩素化合物	
トリクロロエチレン	トルエンモノオキシゲナーゼ
	トルエンジオキシゲナーゼ
	メタンモノオキシゲナーゼ
	プロパンモノオキシゲナーゼ
	アンモニアモノオキシゲナーゼ
ポリ塩化ビフェニル	ビフェニルジオキシゲナーゼ
ダイオキシン類	LiP
	ジベンゾフラン 4,4-ジオキシゲナーゼ
石油・原油	
アルカン	アルカンモノオキシゲナーゼ（初発酵素）
	P450（初発酵素）
内分泌撹乱物質	
ビスフェノール A	LiP, MnP, Lac
フタル酸エステル	エステラーゼ
農薬	
フェンメジファム	フェニルカーバメートヒドロラーゼ
パラチオン	有機リン酸ヒドロラーゼ
アトラジン	アミドヒドロラーゼ
	クロロヒドロラーゼ
2,4-D	ジオキシゲナーゼ
	モノオキシゲナーゼ
DDT	ジオキシゲナーゼ
カルバリル	ヒドロラーゼ
リンデン	デヒドロクロリナーゼ
	ヒドロラーゼ
	デハロゲナーゼ
生体高分子	
PEG（ポリエチレングリコール）	PEG 脱水素酵素
	PEG アルデヒド脱水素酵素
	ジグリコール酸脱水素酵素
	ジオールヒドラターゼ
PVA（ポリビニルアルコール）	PVA オキシダーゼ
	PVA デヒドロゲナーゼ

すべてに含まれる有機物の総量をいう。バイオマスは太陽エネルギーを使い，水と二酸化炭素から生物が生成するものなので，持続的に再生可能な資源である。バイオマスは有機化合物であるため，燃焼させると二酸化炭素が排出される。しかし，これに含まれる炭素は，大気中から吸収した二酸化炭素に由来するため，バイオマスを使用しても大気中の二酸化炭素量を増加させていないと

考えてよいとされている。この性質をカーボンニュートラルと呼ぶ。温室効果ガス削減のため，化石燃料に代わる資源としてバイオマスの利用が地球規模で求められている。

〔1〕 **繊維質原料からのバイオエタノールの生産**

バイオマスを用いた燃料は**バイオ燃料**（biofuel）と呼ばれ，サトウキビなどの糖質原料やトウモロコシなどのデンプン質原料を糖化したものを発酵させ，蒸留して得られるエタノールをバイオマスエタノールまたは**バイオエタノール**という。バイオ燃料には，この他に家畜の排泄物から生成されるメタンや，廃植物油から合成される自動車燃料（ディーゼルオイル）などが知られている。

バイオエタノールの原料は，炭化水素を含む生物由来の資源であればなんでもよいが，可食部を原料とするバイオマスの利用は，食糧生産と燃料生産とのトレードオフ関係が懸念されている。**表3.23**に，バイオエタノールの原料として現在使用中あるいは将来の使用が望まれるバイオマスをまとめた。非可食部や木材などの未利用バイオマスを原料とするバイオエタノールの生産は，現時点では非効率であるが，食糧とは競合しないため期待されている。これら未

表3.23 バイオエタノール原料としてのバイオマス

	材料	前処理	糖化	発酵
糖質原料	サトウキビ モラセス カンショ	無	無	グルコース発酵
デンプン質原料	トウモロコシ ソルガム ジャガイモ サツマイモ キャッサバ 麦	蒸煮	酵素（アミラーゼ）	グルコース発酵
繊維質原料	稲わら	粉砕	酵素（セルラーゼ，ヘミセルラーゼ）	グルコース発酵・ペントース発酵
	麦わら バガス パルプ廃液 廃材木 トウモロコシの茎や葉	脱リグニン処理 酸処理 担子菌処理	酸処理	

利用バイオマスは，セルロースやヘミセルロースなどの繊維質多糖を主成分とするため，セルラーゼなどを用いた糖化技術の開発が最重要課題である。また，ヘミセルロースを糖化して生じるさまざまなヘキソースやペントースからの効率的な発酵プロセスの開発も課題である。

バイオエタノールは再生可能なエネルギーであることから将来性が期待されているが，他方，生産過程全体を通して見た場合の二酸化炭素削減効果が果たしてあるかどうか問題となっている。

〔2〕 **リグニンの分解と応用開発**

リグニンはセルロース，ヘミセルロースとともに木材の主要構成成分の一つである。その構造は図 3.48 に示すとおり非常に複雑で，炭素数 3 の側鎖とメトキシル基をもつフェノールがランダムに重合したポリマーである。紙・パル

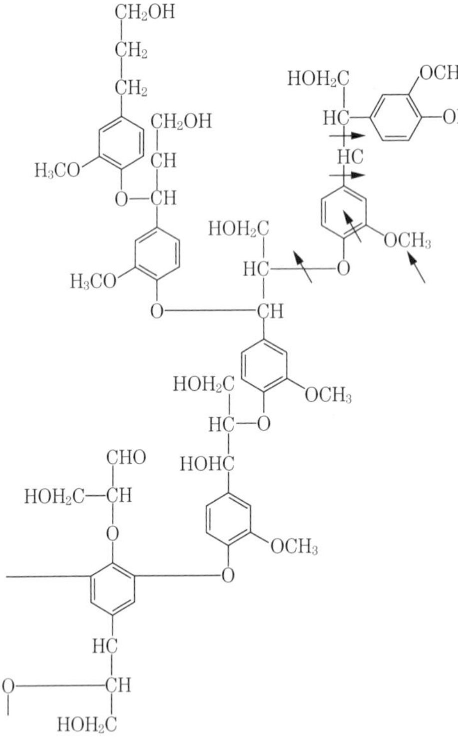

矢印はリグニン分解酵素による切断点を示す

図 3.48 リグニンの部分構造

プ工業から副産物として排出されているが，そのほとんどは焼却処分されている。リグニンはバニリンや接着剤の原料として利用されている他，枠内トピックスに示す亜硫酸パルプ廃液から回収されるリグニンスルホン酸は，界面活性剤的な性質を示すので，セメント，農薬，染料，窯業，肥料などで分散剤あるいは造粒剤として利用されている。パルプ中のリグニンは，製紙工程において化学的あるいは物理的に分解・除去されているが，リグニン分子の崩壊や化学変化を免れることができず，廃液中の残留触媒が環境汚染の原因となっている。

　リグニンを分解することができるのは，坦子菌である白色腐朽菌（はくしょくふきゅうきん）だけである。リグニンに対して分解作用を示す酵素としては，リグニンペルオキシダーゼ（LiP），マンガン依存ペルオキシダーゼ（MnP），ラッカーゼ（Lac）などがあり，いずれも菌体外に分泌される酵素である。これらの反応機構は一電子酸化反応である。LiPはヘム鉄を補欠分子族として含む酵素で，非フェノール性物質がよい基質となり，非フェノール性の芳香環から一電子を引き抜き，カチオンラジカルを生成する。生成したラジカルは分子内電子移動により種々の結合を切断し，低分子化合物を生成する。一方，MnPとLacは，補欠分子族としてそれぞれヘム鉄と銅を含み，フェノール性水酸基をもつ化合物がよい基質となる。フェノール性水酸基から一電子を引き抜き，LiPと同様に生成したラジカルによって種々の結合が切断される。MnPの直接の基質はMn^{2+}で，Mn^{2+}が酸化され生成したMn^{3+}が基質を酸化するという過程をとる。リグニン分解酵素による切断位置を図3.48中に示した。

　LiPとMnPはリグニンだけではなく，多環式化合物や複素環式化合物とそれらの塩素化物，塩素化フェノール，ポリ塩化ビフェニル，ダイオキシン，ト

亜硫酸パルプ（サルファイトパルプ）

　主として広葉樹のチップを窯の中に入れ，これに硫黄から発生させた亜硫酸ガスと，石灰石を化学反応させてつくった重亜硫酸石灰液を注入して，繊維素の純度を高めるため，長時間かけて蒸解，精選する。酸性薬品で製造したパルプ。

リニトロトルエンなど，広範囲の毒性の強い化合物を分解することが報告されており，白色腐朽菌のバイオレメディエーションへの利用が期待されている。

リグニン分解菌およびリグニン分解酵素を利用することで，パルプ・紙の製造工程に要するエネルギーを削減することが可能となるとともに，木質繊維をエネルギー源として利用する場合はセルラーゼの反応を受けやすくなり，高い糖化率が得られるなどの効果がある。一方，リグニン分解酵素が生成する芳香族化合物ラジカルは，重合してポリマーを生成する。これを利用してリグニン間の結合を強化し，ホルムアルデヒドなどを含有した接着剤を必要としないパーティクルボードの製造が試みられている。

〔3〕 その他

バイオ燃料以外にもバイオマスを原料として工業生産されている製品の例として，生分解性プラスチックや機能性多糖が報告されている。

生分解性プラスチックは，微生物の働きによって水と二酸化炭素に分解されるプラスチックで，使用後土壌に還元できるなどの利点から食品容器，農業資材などへの活用が注目されている。わが国で利用されている生分解性プラスチックの約6割がバイオマス由来であると推計されている。生分解性プラスチックであるポリ乳酸は，トウモロコシデンプンを原料として乳酸発酵によって生成した乳酸を出発物質とし，自己縮合重合反応させて得られる低分子量ポリマーを解重合して合成される環状ジエステルであるラクチドを開環重合して製造される。ポリスチレンのように硬質であるという特長をもち，生体吸収ポリマーであることから，1970年代に米国で抜糸不溶の手術用縫合糸として実用化された。

セロビオースは，グルコース2分子が$\beta 1 \to 4$結合でつながった二糖で，セルロースをセルラーゼで加水分解すると生じる。わずかな甘みがあり，ヒトが摂取すると上部消化管や小腸での消化吸収を逃れて大腸にそのまま達し，大腸に生息する腸内細菌によって炭酸ガス，水素，メタン，短鎖脂肪酸などに分解される。この腸内細菌による発酵過程が人体にさまざまな生理作用を及ぼすことから，機能性多糖の一つとして注目を浴びている。これまでのセルロースの

加水分解法はコストがかさんでいたが，セルラーゼバイオリアクターを用いて亜硫酸パルプからセロビオースの連続工業生産が可能となり，食品はもとより化学原料としても新たな機能が期待されている。

引用・参考文献

1) 今堀和友・山川民雄 監修：生化学辞典 第4版，東京化学同人 (2007)
2) Aehle, W.：Enzymes in Industry 3rd Edition, Wiley-VCH Verlag GmbH & Co. (2007)
3) 上島孝之：酵素テクノロジー，幸書房 (1999)
4) 辻阪好夫 他編：応用酵素学，講談社サイエンティフィク (1979)
5) 日本化学会 編：続生化学実験講座1 遺伝子研究法II ―組換えDNA技術―，東京化学同人 (1986)
6) 田中渥夫，松野隆一：酵素工学概論，コロナ社 (1995)
7) Liese, A., Seelbach, K. and Wnadrey, C.：Industrial Biotransformations 2nd Edition, Wiley-VCH Verlag GmbH & Co. KGaA (2006)
8) 高尾彰一，栃倉辰六郎，鵜高重三 編：応用微生物学，文永堂出版 (1996)
9) 浦山 修 他：臨床検査学講座 臨床化学検査学 第2版，医歯薬出版 (2006)
10) 清水 昌・堀之内末治 編：応用微生物学 第2版，文永堂出版 (2006)
11) 児玉 徹・熊谷英彦 編：食品微生物学，文永堂出版 (1997)
12) 上島孝之：産業用酵素，丸善 (1999)
13) 井上國世 監修：食品酵素化学の最新技術と応用，シーエムシー (2001)
14) 相澤益男 監修：最新酵素利用技術と応用展開，シーエムシー (2001)

付録　EC番号別酵素

EC	慣用名	略語
EC 1　酸化還元酵素		
EC 1.1.1.1	アルコールデヒドロゲナーゼ	ADH
EC 1.1.1.2	アルコールデヒドロゲナーゼ（NADP$^+$）	ADH
EC 1.1.1.27	L-乳酸デヒドロゲナーゼ	LDH
EC 1.1.1.28	D-乳酸デヒドロゲナーゼ	LDH
EC 1.1.1.37	リンゴ酸デヒドロゲナーゼ	MDH
EC 1.1.1.47	グルコースデヒドロゲナーゼ	GDH
EC 1.1.1.49	グルコース-6-リン酸デヒドロゲナーゼ	G-6 PDH
EC 1.1.1.184	カルボニル還元酵素	
EC 1.1.3.4	グルコースオキシダーゼ	GOD
EC 1.1.3.5	ヘキソースオキシダーゼ	
EC 1.1.3.6	コレステロールオキシダーゼ	
EC 1.1.3.17	コリンオキシダーゼ	
EC 1.1.3.21	グリセロール-3-リン酸オキシダーゼ	GPO
EC 1.1.5.2	キノプロテイン　グルコースデヒドロゲナーゼ	PQQ-GDH
EC 1.2.1.2	ギ酸デヒドロゲナーゼ	FDH
EC 1.3.3.6	アシルCoAオキシダーゼ	
EC 1.4.1.2〜4	グルタミン酸デヒドロゲナーゼ	
EC 1.4.1.9	ロイシンデヒドロゲナーゼ	
EC 1.4.1.20	フェニルアラニンデヒドロゲナーゼ	
EC 1.4.3.2	L-アミノ酸オキシダーゼ	
EC 1.4.3.3	D-アミノ酸オキシダーゼ	
EC 1.4.3群	アミンオキシダーゼ	
EC 1.5.3.1	ザルコシンオキシダーゼ	
EC 1.7.3.3	尿酸オキシダーゼ（ウリカーゼ）	
EC 1.8.3.3	グルタチオンオキシダーゼ	
EC 1.10.3.2	ラッカーゼ	Lac
EC 1.11.1.6	カタラーゼ	
EC 1.11.1.7	ペルオキシダーゼ	POD
EC 1.11.1.13	マンガンペルオキシダーゼ	MnP
EC 1.11.1.14	リグニンペルオキシダーゼ	Lip
EC 1.13.11.12	リポオキシゲナーゼ	
EC 1.14.13.2	p-ヒドロキシベンゾエイトヒドロキシラーゼ	
EC 1.15.1.1	スーパーオキシドジスムターゼ	SOD
EC 1.17.3.2	キサンチンオキシダーゼ	
EC 2　転移酵素		
EC 2.1.1.37, 72, 113	DNAメチルトランスフェラーゼ	MTase
EC 2.3.2.2	γ-グルタミルトランスペプチダーゼ	γ-GTP
EC 2.3.2.13	トランスグルタミナーゼ（凝固因子XIIIa）	TGase
EC 2.4.1.1	アミロホスホリラーゼ	
EC 2.4.1.5	デキストランスクラーゼ	
EC 2.4.1.18	デンプン枝付き酵素	

付録　EC番号別酵素

EC	慣用名	略語
EC 2.4.1.19	シクロデキストリングリコシルトランスフェラーゼ	CGTase
EC 2.4.2.1	プリンヌクレオチドホスホリラーゼ	
EC 2.4.2.2	ピリミジンヌクレオチドホスホリラーゼ	
EC 2.6.1.1	アスパラギン酸トランスアミナーゼ (グルタミン酸-オキサロ酢酸トランスアミナーゼ)	AST (GOT)
EC 2.6.1.2	アラニントランスアミナーゼ	ALT
EC 2.6.1.19	γ-アミノ酪酸トランスアミナーゼ	
EC 2.7.1.1	ヘキソキナーゼ	HxK
EC 2.7.1.2	グルコキナーゼ	
EC 2.7.1.30	グリセロールキナーゼ	GK
EC 2.7.1.73	イノシンキナーゼ	
EC 2.7.1.78	ポリヌクレオチドキナーゼ	PNK
EC 2.7.3.2	クレアチンキナーゼ	CK
EC 2.7.7.6	DNA依存RNAポリメラーゼ	
EC 2.7.7.7	DNA依存DNAポリメラーゼ	
EC 2.7.7.31	ターミナルデオキシヌクレオチジルトランスフェラーゼ	TdT
EC 2.7.7.49	RNA依存DNAポリメラーゼ(逆転写酵素)	
EC 3　加水分解酵素		
EC 3.1.1.3	リパーゼ	
EC 3.1.1.4	ホスホリパーゼA2	
EC 3.1.1.5	ホスホリパーゼB	
EC 3.1.1.7	アセチルコリンエステラーゼ	
EC 3.1.1.8	コリンエステラーゼ	ChE
EC 3.1.1.11	ペクチンメチルエステラーゼ	
EC 3.1.1.13	コレステロールエステラーゼ	
EC 3.1.1.20	タンナーゼ	
EC 3.1.1.25	ラクトナーゼ	
EC 3.1.1.26	ガラクトリパーゼ	
EC 3.1.1.34	リポプロテインリパーゼ	LPL
EC 3.1.1.32	ホスホリパーゼA1	
EC 3.1.3	ホスファターゼ	
EC 3.1.3.2	酸性ホスファターゼ	AcP
EC 3.1.3.8, 26, 72	フィターゼ	
EC 3.1.4.3	ホスホリパーゼC	
EC 3.1.4.4	ホスホリパーゼD	
EC 3.1.6.12	アリルスルファターゼB	
EC 3.1.11.2	エキソヌクレアーゼⅢ	
EC 3.1.11.3	λエキソヌクレアーゼ	
EC 3.1.21.1	デオキシリボヌクレアーゼⅠ(ドルナーゼα)	DNaseI
EC 3.1.21.3-5	制限酵素	REase
EC 3.1.26.4	リボヌクレアーゼH	RNaseH
EC 3.1.27.5	リボヌクレアーゼA	RNaseA
EC 3.1.30.1	ヘビ毒エキソヌクレアーゼ, ナタマメヌクレアーゼ ヌクレアーゼBAL31, ヌクレアーゼP1, S1ヌクレアーゼ	
EC 3.2.1.1	α-アミラーゼ	AMY
EC 3.2.1.2	β-アミラーゼ	
EC 3.2.1.3	グルコアミラーゼ	
EC 3.2.1.4	エンド-1,4-β-グルカナーゼ(セルラーゼ)	

EC	慣用名	略語
EC 3.2.1.6	エンド-1,3-β-グルカナーゼ	
EC 3.2.1.7	イヌリナーゼ（イヌラーゼ）	
EC 3.2.1.8, 32, 72, 156, 136	キシラナーゼ	
EC 3.2.1.11	デキストラナーゼ	
EC 3.2.1.14	キチナーゼ	
EC 3.2.1.15	ペクチナーゼ（ポリガラクツロナーゼ）	
EC 3.2.1.17	リゾチーム	
EC 3.2.1.20	α-グルコシダーゼ（マルターゼ）	
EC 3.2.1.21	β-グルコシダーゼ（セロビアーゼ）	
EC 3.2.1.22	α-ガラクトシダーゼ（メリビアーゼ）	
EC 3.2.1.23	β-ガラクトシダーゼ（ラクターゼ）	
EC 3.2.1.26	β-フルクトシダーゼ（インベルターゼ，サッカラーゼ）	
EC 3.2.1.35	ヒアルロニダーゼ	
EC 3.2.1.40	ラムノシダーゼ	
EC 3.2.1.41	プルラナーゼ	
EC 3.2.1.45	β-グルコセレブロシダーゼ	
EC 3.2.1.55	アラビノシダーゼ	
EC 3.2.1.59	ムタナーゼ	
EC 3.2.1.60	グルカン-1,4-マルトテトラオヒドロラーゼ	
EC 3.2.1.65	レバナーゼ	
EC 3.2.1.67	エキソポリガラクツロナーゼ	
EC 3.2.1.68	イソアミラーゼ	
EC 3.2.1.76	イズロニダーゼ	
EC 3.2.1.78, 101, 100, 25, 113	マンナーゼ	
EC 3.2.1.89, 145, 23	ガラクタナーゼ	
EC 3.2.1.91	アビセラーゼ（エキソセロビオヒドロラーゼ）	
EC 3.2.1.99	アラバナーゼ	
EC 3.2.1.132	キトサナーゼ	
EC 3.2.1.133	マルトジェニックアミラーゼ	
EC 3.2.1.141	マルトオリゴシルトレハローストレハロヒドロラーゼ	MTHase
EC 3.2.1.23, 40	ナリンジナーゼ	
EC 3.2.2 群	ヌクレオシダーゼ	
EC 3.4.11.1	ロイシンアミノペプチダーゼ	LAP
EC 3.4.16.5	カルボキシペプチダーゼ C, Y	
EC 3.4.17.1	カルボキシペプチダーゼ A	
EC 3.4.17.2	カルボキシペプチダーゼ B	
EC 3.4.19.1	アシルアミノアシルペプチダーゼ	
EC 3.4.21.1	キモトリプシン	
EC 3.4.21.4	トリプシン	
EC 3.4.21.5	α-トロンビン（フィブリノゲナーゼ）	
EC 3.4.21.6	凝固因子 Xa	
EC 3.4.21.7	プラスミン（フィブリノリシン，フィブリナーゼ）	
EC 3.4.21.19	V8プロテアーゼ	
EC 3.4.21.21	凝固因子 VIIa	
EC 3.2.21.22	凝固因子 IXa	
EC 3.4.21.34	カリクレイン	

EC	慣用名	略語
EC 3.4.21.36, 37	エラスターゼ	
EC 3.4.21.62	サブチリシン	
EC 3.4.21.63	オリジン	
EC 3.4.21.64	プロテイナーゼK	
EC 3.4.21.68	プラスミノーゲン活性化因子（t-PA）	t-PA
EC 3.4.21.73	ウロキナーゼ型プラスミノーゲン活性化因子	u-PA
EC 3.4.22.2	パパイン	
EC 3.4.22.32, 33	ブロメライン	
EC 3.4.23.1	ペプシン	
EC 3.4.23.4	キモシン（レンニン，レンネット）	
EC 3.4.23.18	アスペルギロペプシン	
EC 3.4.23.22	エンドチアペプシン	
EC 3.4.23.23	ムコールペプシン（ムコールレンニン）	
EC 3.4.24.3, 7, 34 など	コラゲナーゼ	
EC 3.4.24.27	サーモライシン	
EC 3.4.24.28	バチロリシン	
EC 3.4.24.40	セラチオペプチダーゼ	
EC 3.5.1.1	アスパラギナーゼ	
EC 3.5.1.2	グルタミナーゼ	
EC 3.5.1.5	ウレアーゼ	
EC 3.5.1.11	ペニシリンアミダーゼ（ペニシリンアシラーゼ）	
EC 3.5.1.14	アミノアシラーゼ	
EC 3.5.1.77	カルバミラーゼ	
EC 3.5.2.2	D-ヒダントイナーゼ（ジヒドロピリミジナーゼ）	
EC 3.5.2.4	L-ヒダントイナーゼ	
EC 3.5.2.10	クレアチニダーゼ	
EC 3.5.2.11	L-リシンラクタマーゼ	
EC 3.5.3.3	クレアチナーゼ	
EC 3.5.4.6	5′-AMP デアミナーゼ	
EC 4　リアーゼ		
EC 4.1.1.5	α-アセトール酢酸デカルボキシラーゼ	
EC 4.1.1.12	アスパラギン酸 β-デカルボキシラーゼ	
EC 4.1.99.1	トリプトファナーゼ	
EC 4.1.99.2	β-チロシナーゼ	
EC 4.2.1.2	フマラーゼ	
EC 4.2.1.20	トリプトファンシンターゼ	
EC 4.2.1.04	ニトリルヒドラターゼ	
EC 4.2.2.2	ペクチン酸リアーゼ	
EC 4.2.2.10	ペクチンエリミナーゼ（ペクチンリアーゼ）	
EC 4.3.1.1	アスパルターゼ	
EC 4.3.1.24	フェニルアラニンアンモニアリアーゼ	
EC 4.4.1.11	メチオニンγ-リアーゼ	
EC 5　異性化酵素		
EC 5.1.1 群	アミノ酸ラセマーゼ	
EC 5.1.1.15	α-アミノ-ε-カプロラクタムラセマーゼ	
EC 5.1.3.3	ムタロターゼ	
EC 5.1.3.8	N-アシルグルコサミン 2-エピメラーゼ	

EC	慣用名	略語
EC 5.2.1.1	マレイン酸イソメラーゼ	
EC 5.2.1.5	リノール酸イソメラーゼ	
EC 5.3.1.5	グルコースイソメラーゼ（キシロースイソメラーゼ）	
EC 5.3.4.1	プロテインジスルフィドイソメラーゼ	
EC 5.4.99.11	α-グルコシルトランスフェラーゼ	
EC 5.4.99.15	マルトオリゴシルトレハロースシンターゼ	MTSase
EC 6　リ　ガ　ー　ゼ		
EC 6.2.1.1	アセチル CoA シンターゼ	
EC 6.2.1.2	ブチリル CoA シンターゼ（中鎖脂肪酸 CoA シンターゼ）	
EC 6.2.1.3	アシル CoA シンターゼ（長鎖脂肪酸 CoA シンターゼ）	
EC 6.3.2.3	グルタチオンシンターゼ	
EC 6.3.4.1	GMP シンターゼ	
EC 6.5.1.1	DNA リガーゼ	
EC 6.5.1.2	DNA リガーゼ	
EC 6.5.1.3	RNA リガーゼ	

索　　引

【あ】

アイソザイム　24, 25, 114, 141
アクリルアミド　126
アスパラギナーゼ　157
アスパラギン酸トランス
　アミナーゼ（AST）
　　　　　　　35, 140
アスパルターゼ　16, 105
アスパルテーム　110
アビセラーゼ　41
アポ酵素　68, 69
アミノアシラーゼ　57, 103
アミノアシルトランス
　フェラーゼ　32
アミノ酸オキシダーゼ　28
アミノ酸デカルボキシ
　ラーゼ　60
アミノ酸デヒドロゲナーゼ
　　　　　　　　27
アミノ酸ラセマーゼ　63
アミラーゼ　39, 113, 122
アミラーゼ（AMY）　143
アミロホスホリラーゼ　33
アミンオキシダーゼ　28
アラニントランス
　アミナーゼ（ALT）　141
アルカリ性ホスファ
　ターゼ（ALP）　141
アルコールデヒドロゲ
　ナーゼ（ADH）　24

【い】

イオン交換樹脂　13
異性化酵素　74
異性化糖　10, 78

イソアミラーゼ　40
イソメラーゼ　63
インジゴ漂白　117
インベルターゼ　46

【う】

ウレアーゼ　56, 57

【え】

栄養要求性変異株　9
液化　3, 77
エステル化反応　51, 99
エステル交換反応　51, 99
エピメラーゼ　63
エラスターゼ　50
エラープローン PCR　21
塩析法　12
エンド-1,4-β-グルカ
　ナーゼ　41
エンドトキシン　151
エンドポイント法　133

【お】

オキシゲナーゼ　24, 31
オキシダーゼ　24
オリゴ糖　79

【か】

化学発光　150
架橋法　17
加水分解酵素　74
カタボライト抑制　7, 8
カタラーゼ　29
カプリングシュガー　80
カプロラクタム加水分解
　酵素　104

カルバミラーゼ
　　　　　58, 124, 125
カルボキシペプチダーゼ　50
カルボキシラーゼ　65
カルボニル還元酵素　24
還元酵素　24
慣用名　23

【き】

ギ酸デヒドロゲナーゼ
　（FDH）　26
キシラナーゼ　119
キシラナーゼ・β-グルカ
　ナーゼ　121
キチナーゼ　44
キトサナーゼ　44
キナーゼ　37
キモシン　49, 84
キモトリプシン　48
逆浸透法　13
逆浸透膜　20
逆転写酵素　38
鏡像異性体過剰率　131
凝乳　49, 85
キラルビルディング
　ブロック　129

【く】

組換え体　85
グリコシダーゼ　45
グリコシルトランス
　フェラーゼ　33
グルコアミラーゼ
　　　　　40, 78, 93
グルコース　78, 135
グルコースイソメラーゼ
　　　　　　　65, 78

グルコースオキシダーゼ
　（GOD）　　　　　26, 147
グルコースデヒドロゲナ
　ーゼ（GDH）　　　　25
グルタチオン　　　72, 142
グルタチオンシンターゼ
　　　　　　　　　　　66
グルタミン酸デヒドロゲ
　ナーゼ　　　　　　　27

【け】

系統名　　　　　　　　23
結晶化　　　1, 15, 43, 56
限界デキストリン　　　33
限外濾過　　　　　13, 19

【こ】

光学活性アルコール
　　　　　　24, 25, 129
光学分割　　　　　　　57
麹菌　　　　　1, 94, 150
構成的変異株　　　　　7
合成反応　　　　　　　61
酵素標識　　　　　　150
酵素法　　　　　　　102
酵素免疫検定法（EIA）149
酵母　　　　　　　　1, 5
コエンザイム B_{12}　　 72
コエンザイム Q（CoQ）
　　　　　　　　　　　73
糊化　　　　　　　3, 77
固定化　　　　　　6, 16,
　　　103, 106, 107, 147
固定化酵素　　　　16, 78
コラゲナーゼ　　　　　50
コリンエステラーゼ
　（ChE）　　　　　　142
コレステロール　　　135
コレステロールエステ
　ラーゼ　　　　　　　53
コレステロールオキシ
　ダーゼ　　　　　　　26

【さ】

ザイモリアーゼ　　　166
サブチリシン　　49, 112
サーモライシン　　　　50
酸化還元酵素　　　　　74

【し】

シクロデキストリン　　81
シクロマルトデキストリン
　グルカノトランスフェラ
　ーゼ（CGTase）　　 35
シス-トランスイソメ
　ラーゼ　　　　　　　64
シッフ塩基　　　　35, 70
消炎酵素剤　　　　　157
消化酵素　　　12, 52, 151
醤油　　　　　　　　　87
初速度法　　　　　　133
シンターゼ　　　　　　65

【す】

スクリーニング　　　　4

【せ】

制限酵素　　　　56, 160
制限修飾系　　　　32, 162
清酒　　　　　　　　　93
製パン　　　　　　3, 97
西洋ワサビ　　　　　　30
セラチオペプチダーゼ 157
セリンプロテアーゼ　　48
セルラーゼ
　　　　40, 114, 170, 172
セルロース　　　　40, 114
洗剤用酵素　　　　　111

【た】

タカジアスターゼ
　　　　　　　2, 55, 150
多機能酵素　　　60, 61, 63
脱水素酵素　　　　　　24

ターミナルデオキシヌクレ
　オチジルトランスフェラ
　ーゼ（TdT）　　　　38
担体結合法　　　　　　17
タンナーゼ　　　　　　59

【ち】

チアミン　　　　　　　71
チアミンピロリン酸
　（TPP）　　　　　　71
チモーゲン　　　　　　47
中性脂肪　　　　　　136

【て】

定方向進化　　　　　　20
呈味性　　　　　　88, 108
デキストラナーゼ　　　44
デキストラン　　　　　44
テトラヒドロ葉酸（THF）
　　　　　　　　　　　71
転移酵素　　　　　　　74
デンプン　　　　　2, 74
デンプン枝切り酵素　　34

【と】

糖化　　　　　77, 78, 93
糖質分解酵素　　　　　39
透析　　　　　　　　　13
突然変異導入　　　　　7
トランスアミナーゼ　　35
トランスグルタミナーゼ
　　　　　　　　　33, 86
トリアシルグリセロール
　（TAG）　　　　51, 136
トリプシン　　　48, 111
トリプトファナーゼ　　61
トリプトファンシンターゼ
　　　　　　　　　　　62
トレハロース　　　　　81

【な】

ナタマメヌクレアーゼ　55

【に】

ニコチンアミドアデニンジ
　ヌクレオチド（NAD$^+$）
　　　　　　　　　　　68
ニコチンアミドアデニンジ
　ヌクレオチドリン酸
　（NADP$^+$）　　　68
ニコチンアミドヌクレ
　オチド　　　　　　　68
ニコチン酸アミド　　127
二相系　　　　19,130
ニトリルヒドラターゼ
　（NHase）　　　　　62
乳酸デヒドロゲナーゼ
　（LDH）　　　25,141
乳糖不耐症　　　　　98
尿　酸　　　　　　137
尿酸オキシダーゼ　　29

【ぬ】

ヌクレアーゼ　　　　53
ヌクレオシダーゼ　　59
ヌクレオチジルトランス
　フェラーゼ　　　　38

【の】

糊抜き　　　　10,117

【は】

バイオエタノール　169
バイオ精錬　　　　117
バイオセンサー　　146
バイオ燃料　　　　169
バイオポリッシング　117
バイオマス　　　　167
バイオリアクター
　　　　　　　106,125
バイオレメディエーション
　　　　　　　167,172
ハイマルトースシロップ
　　　　　　　　　78
パイロジェン　　　151

【は】

白色腐朽菌　　30,171
発酵法　　　　　　102
発熱物質　　　　　11
パパイン　　　　　49
パルプ漂白　　　119
パンクレアチン　　151
パントテン酸　　　70

【ひ】

ビオチン　　　　　72
ビタミン B$_1$　　　71
ビタミン B$_2$　　　69
ビタミン B$_6$　　　70
ヒダントイナーゼ
　　　　　58,104,124
ピッチコントロール　120
非天然型アミノ酸　　58
ピリドキサミン 5'-リン酸
　（PMP）　　　　　70
ピリドキサール 5'-リン酸
　（PLP）　　　　　69
ピリドキサールリン酸
　（PLP）　　　35,127
ピリミジンヌクレオチド
　ホスホリラーゼ　　34
ビール　　　　　　94
ビルダー　　　105,111
ピロロキノリンキノン
　（PQQ）　　　　　73

【ふ】

フィターゼ　　　　121
フィチン酸　　　　121
フェニルアラニンデヒド
　ロゲナーゼ　　　27
ブドウ糖　　　　　78
フマラーゼ　　　　61
プラスミノーゲン活性化
　因子　　　　　156
フラビン　　　　　28
フラビンアデニンジ
　ヌクレオチド（FAD）
　　　　　　　　29,69

【索　引】

フラビンヌクレオチド　69
フラビンモノヌクレオチド
　（FMN）　　　29,69
プルラナーゼ　　　40
プロエンザイム　　47
プロテアーゼ
　　　47,87,112,121,165
プロテイナーゼ K　166
分子工学　　　　6,20
分子内イソメラーゼ　65
分子ふるい　　　　14

【へ】

ヘキソキナーゼ（Hxk）
　　　　　　　　　37
ペクチナーゼ　41,91,96
ペクチン質　　　　41
ペクチンメチルエステ
　ラーゼ　　　　　59
ペクチンリアーゼ　62
ペニシリンアミダーゼ　57
ヘビ毒エキソヌクレアーゼ
　　　　　　　　　55
ペプシン　　　　　48
ペプチドグリカン　42
ペプチドシンターゼ　66
ヘミセルラーゼ　　41
ヘムタンパク質　　29
ペルオキシダーゼ（POD）
　　　　　　　　　30

【ほ】

包括法　　　　　　17
放射免疫検定（RIA）　150
補酵素　　　　68,130
補酵素再生系　25,26,131
ホスファターゼ　　58
ホスホトランスフェラーゼ
　　　　　　　　　37
ホスホリパーゼ　　52
ホスホリラーゼ　　33

ホーミングエンドヌクレアーゼ　163
ポリヌクレオチドキナーゼ（PNK）　37
ホロ酵素　68

【ま】

マルトース　80
マレイン酸シス-トランスイソメラーゼ　64
マンガンペルオキシダーゼ（MnP）　30
マンナーゼ　115

【み】

水飴　76
味噌　87

【む】

ムコールペプシン　49

【め】

メチラーゼ　161
メチルトランスフェラーゼ　31,32
メディエーター　115,117,147

【ゆ】

有機酸　110
誘導酵素　8
遊離脂肪酸　137
ユビキノン　73

【よ】

溶菌酵素　42

【ら】

ラクターゼ　46,98
ラセマーゼ　63
ラセミ化反応　61
ラッカーゼ（Lac）　31,117,159

【り】

リアーゼ　74
リガーゼ　66,68
リグニン　170
リグニンペルオキシダーゼ（LiP）　30
リゾチーム　42
リノレイン酸イソメラーゼ　65
リパーゼ　51,99,100,113,144
リポオキシゲナーゼ　31
リポ酸　71
リボフラビン　69
リポプロテインリパーゼ　52
理論的分子設計　20
リンゴ酸デヒドロゲナーゼ（MDH）　25
臨床検査　132,139

【れ】

レンネット　49,84

【ろ】

ロイシンデヒドロゲナーゼ　27
濾過　19

【わ】

ワイン　96

【ギリシャ文字】

α,β-脱離反応　60
α-アミラーゼ　2,39,76,93,113,117,150
α-グルコシルトランスフェラーゼ　65
β-1,3 グルカナーゼ　43
β-アミラーゼ　39
β-ガラクトシダーゼ　98
β-グルコシダーゼ　41
β-置換反応　61
β-チロシナーゼ　60,127
γ-アミノ酪酸トランスアミナーゼ　37
γ-グルタミルトランスペプチダーゼ（γ-GTP）　142
λ エキソヌクレアーゼ　56

【数字】

5'-イノシン酸　109
5'-グアニル酸　109

【A】

ATP 再生系　109

【C】

CGTase　80,81

CoA　70,128

【D】

DNA シャフリング　21
DNA ポリメラーゼ　38,163
DNA メチルトランスフェラーゼ（MTase）　32
D-アミノ酸　123
D-アミノ酸オキシダーゼ　28
D-パントテン酸　128
D-ヒダントイナーゼ　124

索引

【E】
EC番号　23
ELISA　150

【G】
GRAS　5

【L】
L-アスパラギン酸 β-デカルボキシラーゼ　106
L-アミノ酸オキシダーゼ　28
L-ドーパ　127
L-リシンラクタマーゼ　58

【N】
N-アシルグルコサミン 2-エピメラーゼ　64

【P】
PCR　163
PQQ　25

【R】
RNAポリメラーゼ　38

【S】
S1ヌクレアーゼ　55
S-アデノシル-L-メチオニン　31, 161

【T】
TAG　99

―― 著者略歴 ――

1977 年　京都大学農学部農芸化学科卒業
1979 年　京都大学大学院農学研究科修士課程修了
　　　　　（農芸化学専攻）
1979 年　寶酒造株式会社勤務
～89 年
1990 年　農学博士（京都大学）
1993 年　鳥取大学助教授
2004 年　京都大学教授
　　　　　現在に至る

応用酵素学概論
Outline of Applied Enzymology　　　　　　　　　　　　　© Keiko Kita 2009

2009 年 5 月 22 日　初版第 1 刷発行
2019 年 1 月 30 日　初版第 3 刷発行

検印省略	著　者	喜　多　恵　子
	発行者	株式会社　コロナ社
		代表者　牛来真也
	印刷所	新日本印刷株式会社
	製本所	牧製本印刷株式会社

112-0011　東京都文京区千石 4-46-10
発行所　株式会社　コロナ社
CORONA PUBLISHING CO., LTD.
Tokyo Japan
振替 00140-8-14844・電話 (03) 3941-3131 (代)
ホームページ　http://www.coronasha.co.jp

ISBN 978-4-339-06716-3　C3345　Printed in Japan　　　　（金）

JCOPY　<出版者著作権管理機構　委託出版物>
本書の無断複製は著作権法上での例外を除き禁じられています。複製される場合は，そのつど事前に，出版者著作権管理機構（電話 03-5244-5088，FAX 03-5244-5089，e-mail: info@jcopy.or.jp）の許諾を得てください。

本書のコピー，スキャン，デジタル化等の無断複製・転載は著作権法上での例外を除き禁じられています。購入者以外の第三者による本書の電子データ化及び電子書籍化は，いかなる場合も認めていません。
落丁・乱丁はお取替えいたします。